退役锂离子电池关键材料高效选冶与循环再造技术

付元鹏 著

查看彩图

北 京

冶金工业出版社

2023

内 容 提 要

本书系统介绍了退役三元（Ni、Co、Mn）锂离子电池电极材料的资源属性，揭示了电极材料解离和浸出困难的内在原因；通过微波辅助的方式改善电极材料碳热还原焙烧和浸出特性，揭示了还原焙烧过程中电极材料物相耗散行为和转移机制，阐明了过渡金属的还原路径及晶体结构的演化机理，并探讨了关键工艺条件对电极材料还原焙烧和高效浸出行为的影响规律。

本书可供矿物加工工程、环境工程、化学工程与技术等领域及相关领域的科研、管理人员阅读，也可作为高等院校相关专业师生的参考书。

图书在版编目（CIP）数据

退役锂离子电池关键材料高效选冶与循环再造技术／付元鹏著 . —北京：冶金工业出版社，2023. 8
ISBN 978-7-5024-9585-5

Ⅰ . ①退… Ⅱ . ①付… Ⅲ . ①锂离子电池—废物综合利用 Ⅳ . ①X760. 5

中国国家版本馆 CIP 数据核字（2023）第 141376 号

退役锂离子电池关键材料高效选冶与循环再造技术

出版发行	冶金工业出版社	**电　　话**	（010）64027926
地　　址	北京市东城区嵩祝院北巷 39 号	**邮　　编**	100009
网　　址	www.mip1953.com	**电子信箱**	service@ mip1953. com

责任编辑　王梦梦　美术编辑　吕欣童　版式设计　郑小利
责任校对　葛新霞　责任印制　窦　唯
三河市双峰印刷装订有限公司印刷
2023 年 8 月第 1 版，2023 年 8 月第 1 次印刷
710mm×1000mm　1/16；8.5 印张；163 千字；124 页
定价 66. 00 元

投稿电话　（010）64027932　投稿信箱　tougao@cnmip. com. cn
营销中心电话　（010）64044283
冶金工业出版社天猫旗舰店　yjgycbs. tmall. com
（本书如有印装质量问题，本社营销中心负责退换）

前　　言

　　锂离子电池作为一种高效、环保的电能储存载体，在大规模储能装置、手机等消费电子及动力电池等领域被广泛应用。随着我国新能源汽车及电子产品领域的蓬勃发展，退役电池数量急剧增加。大量退役锂离子电池的无序回收和不当处置造成了严重的资源浪费和环境污染问题，对其进行资源化回收具有重要的资源节约和环保意义。

　　传统电极材料火法和湿法冶炼工艺流程复杂，且产生大量的固液废弃物，仍有诸多关键科学和技术问题尚未得到解决，本书作者结合基础理论研究和工程实践经验，针对退役锂离子电池回收面临的突出科学技术问题，阐述了退役锂离子电池高效选冶与循环再造技术，并分析了有价组分迁移回收的机理。

　　本书以退役三元（Ni、Co、Mn）锂离子电池电极材料有价金属高效回收利用为目标，基于表面和微观性质分析了退役三元锂离子电池电极材料的资源属性，揭示了电极材料解离和浸出困难的内在原因；提出了微波辅助电极材料碳热还原焙烧和浸出协同手段，揭示了还原焙烧过程中电极材料物相耗散行为和转移机制，阐明了过渡金属的还原路径及晶体结构的演化机理，探讨了关键工艺条件对电极材料还原焙烧和高效浸出行为的影响规律；在充分掌握电极材料还原焙烧、浸出提效和机制基础上，以浸出液为对象通过溶胶-凝胶法实现了三元电极材料的再生，阐明了资源化回收过程中物相的耗散行为和转移机制，与商品化锂离子电池相比，本书所述方法合成的电极材料电化学性能达到产品指标，具有工业推广前景。本书可供矿物加工工程、环境工程、化学工程与技术等相关领域科研、管理人员阅读，也可作为高等院校相关专业师生的参考书。

　　本书涉及的研究工作得益于山西省基础研究计划（202103021223045）、山西省留学回国项目（2022-062）的资助，在此致以真挚的谢意。

　　作者所在团队长期致力于固体废弃物二次资源循环利用，本书是课题组多年成果的一部分。本书撰写过程中得到了众多师生朋友的大力支持和无私帮助，包括课题组负责人董宪姝教授，团队骨干樊玉萍副教授、姚素玲副教授、马晓敏副教授，陈茹霞讲师和李金龙博士，以及作者的博士生导师中国矿业大学何亚群教授，在此一并表示诚挚的感谢，同时，也感谢冶金工业出版社的大力支持。

　　由于作者水平所限，书中错漏之处，恳请读者批评指正。

付元鹏

2022 年 12 月

主要符号及物理意义

符号	物 理 意 义	单位
X	浸出率	%
t	反应时间	min
k	反应速率常数	
C	浓度	g/L
V	浸出液的总体积	L
V_0	固体物料体积	L
V_m	摩尔体积	L/mol
M_0	固体物料中所含目标金属的总质量	g
R_d	金属还原率	%
m_0	物料初始质量	g
m	物料即时质量	g
w	金属元素的质量分数	%
E	电场强度	N/C
Q	热量	J
ε_e''	有效损耗因子	
ε_0	真空介电常数	
f	微波频率	Hz
T	物料温度	K
A	表面积	m^2
S	熵	J/(mol·K)

续表

符号	物 理 意 义	单位
$\Delta_r G_m$	反应吉布斯自由能变	kJ/mol
$\Delta_r H_m^{\ominus}$	反应生成焓	kJ/mol
$\Delta_r S_m$	反应熵变	J/(mol · K)
R	气体常数	J/(mol · K)
ν_p	化学反应计量数	
G	固相中被浸出物质的量	mol
E_a	表观活化能	kJ/mol
r_0	颗粒初始半径	mm
r	颗粒即时半径	mm
n	物质的量	mol
ρ	密度	g/m^3
D	有效扩散常数	

目　　录

1　绪论 ·· 1

　1.1　锂离子电池简介 ··· 1

　　1.1.1　锂离子电池发展现状 ································· 1

　　1.1.2　锂离子电池的物理组成及资源化属性 ········· 3

　1.2　退役锂离子电池回收意义 ································ 5

　　1.2.1　退役锂离子电池的资源回收价值 ··············· 5

　　1.2.2　退役锂离子电池回收的环境保护意义 ········· 5

　1.3　退役锂离子电池资源化研究现状 ····················· 6

　　1.3.1　退役锂离子电池电极材料预处理方法 ········· 7

　　1.3.2　电极材料中有价金属浸出 ······················· 12

　　1.3.3　有价金属的分离与提纯 ·························· 17

　　1.3.4　电极材料再合成及修复再生方法 ··············· 18

2　退役锂离子电池电极材料性质 ························· 20

　2.1　锂离子电池原料组成 ······························· 20

　2.2　退役锂离子电池回收工艺简介 ····················· 22

　2.3　实验方法 ·· 23

　　2.3.1　分析方法 ·· 23

　　2.3.2　定量指标 ·· 25

　2.4　退役锂电材料性质分析 ····························· 26

　　2.4.1　正极材料的化学组成 ···························· 26

　　2.4.2　物相分析 ·· 26

　　2.4.3　表面分析 ·· 27

　　2.4.4　微观形貌分析 ····································· 30

　　2.4.5　正、负极电极材料的粒度分布 ················ 30

　　2.4.6　热失重行为 ······································· 31

　　2.4.7　退役锂电材料在微波场中的升温行为 ········· 33

3　电极材料解离及过渡金属还原焙烧特性 ············· 36

　3.1　实验设备 ·· 36

3.2　微波热效应原理 ……………………………………………………… 37

3.3　电极材料碳热还原热力学分析 ……………………………………… 38

　　3.3.1　LiNi$_{0.5}$Co$_{0.2}$Mn$_{0.3}$O$_2$ 材料的基础热力学数据求解 ………… 39

　　3.3.2　电极材料碳热还原热力学分析 ……………………………… 40

3.4　电极材料还原焙烧过程的解离行为 ………………………………… 42

　　3.4.1　有机黏结剂脱除特性 ………………………………………… 42

　　3.4.2　电极材料组分耗散行为 ……………………………………… 43

　　3.4.3　电极材料解离行为的形貌表征 ……………………………… 48

3.5　电极材料还原焙烧过程的物相演化机制 …………………………… 50

　　3.5.1　电极材料还原过程物相结构演化特性 ……………………… 50

　　3.5.2　三元材料还原过程中过渡金属元素还原规律 ……………… 52

3.6　焙烧参数对电极材料还原行为影响规律 …………………………… 54

　　3.6.1　微波功率对电极材料还原影响 ……………………………… 54

　　3.6.2　焙烧时间对电极材料还原影响 ……………………………… 55

　　3.6.3　恒温温度对电极材料还原影响 ……………………………… 57

　　3.6.4　正、负极材料比例影响 ……………………………………… 58

3.7　常规热解条件下电极材料还原焙烧行为 …………………………… 60

　　3.7.1　恒温温度对电极材料还原影响 ……………………………… 60

　　3.7.2　恒温时间对电极材料还原影响 ……………………………… 60

3.8　还原焙烧对电极材料内部结构影响的宏/微观尺度分析 ………… 61

　　3.8.1　实验样品制备 ………………………………………………… 61

　　3.8.2　还原焙烧对正极材料表面微观形貌的影响 ………………… 62

　　3.8.3　还原焙烧对电极材料宏观尺度形貌影响 …………………… 63

　　3.8.4　还原焙烧对电极材料晶体结构影响 ………………………… 64

　　3.8.5　还原焙烧对电极材料表面元素分布影响 …………………… 65

4　微波辅助电极材料酸浸理论及工艺优化 ……………………………… 68

4.1　实验方法 ……………………………………………………………… 68

4.2　正极材料与葡萄糖酸反应机理 ……………………………………… 70

4.3　工艺参数对电极材料浸出的影响规律 ……………………………… 71

　　4.3.1　微波功率对电极材料浸出率的影响 ………………………… 71

　　4.3.2　恒温温度对电极材料浸出率的影响 ………………………… 72

　　4.3.3　反应时间对电极材料浸出率的影响 ………………………… 73

　　4.3.4　酸浓度对电极材料浸出率的影响 …………………………… 74

　　4.3.5　固液比对电极材料浸出率的影响 …………………………… 75

4.3.6　搅拌转速对电极材料浸出率的影响 ……………………… 75

4.4　浸出过程的工艺优化 …………………………………………… 76

4.4.1　响应面分析实验方法 ……………………………………… 76

4.4.2　实验因素筛选及析因分析 ………………………………… 77

4.5　Box-Behnken 设计优化浸出工艺 ……………………………… 79

4.6　响应面模型建立及分析 ………………………………………… 82

4.6.1　微波功率和搅拌转速的交互作用 ………………………… 82

4.6.2　微波功率和时间的交互作用 ……………………………… 83

4.6.3　搅拌转速和时间的交互作用 ……………………………… 84

4.7　电极材料浸出动力学 …………………………………………… 85

4.7.1　浸出动力学基础 …………………………………………… 85

4.7.2　浸出控制过程 ……………………………………………… 86

4.7.3　浸出动力学模型建立 ……………………………………… 87

4.7.4　微波辅助电极材料浸出动力学分析 ……………………… 88

4.7.5　浸出残余物的微观性质分析 ……………………………… 91

4.7.6　微波强化电极材料浸出理论模型 ………………………… 94

4.8　退役电极材料浸出工业实践探索 ……………………………… 95

5　LiNi$_{1/3}$Co$_{1/3}$Mn$_{1/3}$O$_2$ 三元材料再生实验 ……………………………… 97

5.1　实验方法 ………………………………………………………… 97

5.1.1　正极材料的液相重组再生 ………………………………… 97

5.1.2　正极材料的再生与电化学性能测试 ……………………… 98

5.2　LiNi$_{1/3}$Mn$_{1/3}$Co$_{1/3}$O$_2$ 前驱体再生机理 …………………………… 100

5.2.1　金属离子与有机物的螯合反应 …………………………… 100

5.2.2　中间体、前驱体的制备生成机理 ………………………… 100

5.3　再生材料物相性质表征 ………………………………………… 101

5.3.1　再制备中间体及 LiNi$_{1/3}$Co$_{1/3}$Mn$_{1/3}$O$_2$ 合成材料的表面形貌 … 101

5.3.2　再合成电极材料的物相结构分析 ………………………… 102

5.3.3　再生电极材料的内部晶体结构 …………………………… 104

5.3.4　再生材料的粒度分布和热重分析 ………………………… 105

5.3.5　再生电极材料的表面金属元素价态分析 ………………… 107

5.4　再生电极材料的电化学性能表征 ……………………………… 109

参考文献 ……………………………………………………………… 113

1 绪 论

1.1 锂离子电池简介

1.1.1 锂离子电池发展现状

能源是当今人类社会赖以发展和进步的物质基础，在国民经济中具有极为重要的战略地位。随着科学技术的进步和人们生活水平的提高，石油、煤炭和天然气的消耗量与日俱增，致使全球化石能源消耗所引发的环境污染和资源短缺问题日益突出[1]。当前汽车和船只等主要运输工具仍依赖化石燃料燃烧驱动，造成化石能源日益短缺及 CO_2 温室气体排放量剧增。研究表明，目前全球化石能源储备仅可维持使用 50~100 年[2]。为了解决能源的供需矛盾和降低环境污染，降低煤炭等化石能源在一次能源中的占比，开发可再生清洁能源成为当今社会发展的重要课题。2014 年我国颁布了《能源发展战略行动计划》，指出要坚持"节约、清洁、安全"战略方针，加快我国可持续现代能源体系的建设脚步，也意味着绿色发展与高效发展将成为我国能源体系建设的未来方向[3]。在此背景下，出现全球纯电动汽车（EV）、混合电动汽车（HEV）和插入式混合电动汽车（PHEV）的研发热潮，以应对主要交通工具对化石能源的消耗及温室气体排放等环境问题。

锂离子电池因其蓄能密度大、循环寿命长、自放电率低及无记忆效应等[4-5]诸多优点，在众多可充电电池中体现出独特的优势，成为当今社会重要的电能储能装置。因为锂离子电池高效、环保等特点，在大规模储能装置、手机等消费电子及车用动力锂离子电池等领域广泛应用，三者总和占锂离子电池消费市场总量的 81.9%。如图 1-1（a）我国锂离子电池市场占比情况所示，新能源汽车领域在锂离子电池消费市场占比最高[6]，且其占比逐年递增；自 1990 年索尼公司商品化锂离子电池问世以来，就迅速发展成为各种便携电子设备的供电来源，其在人们社会生活和经济生活中日益多样化快速发展，正在逐步取代镍铬电池和镍氢电池，成为市场上主流的可充电二次电池。

近年来，我国锂离子电池市场规模日益扩大（见图 1-1（b）），我国目前已成为当今世界主要电池生产、消费和出口国之一[6]。据统计，2020 年全国锂离子电池产量达到 188.5 亿只，同比增长 14.4%。在国家重点各项政策鼓励下，新

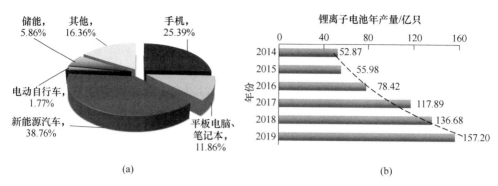

图 1-1　我国锂离子电池的消费市场占比及近年产量
（a）锂离子电池消费市场占比；（b）锂离子电池近年产量

能源汽车产业得到了蓬勃发展，由此带来了动力锂离子电池需求和产量不断攀升[7]；2020 年我国新能源汽车产量已达到 136.7 万辆（见图 1-2），据工业和信息化部 2020 年颁布的《新能源汽车产业发展规划（2021—2035 年）》，预计 2030 年其销量将占汽车行业总销量的 40%，达到约 1500 万辆[8]。而动力电池在使用 5~6 年后容易出现电极膨胀、电容下降的问题进入报废期；自 2018 年起，动力电池迎来首个退役潮，且报废速率呈现出逐年增大的趋势。据电子信息产业统计年鉴及网络综合信息数据显示[9-10]，2020 年我国动力电池退役规模将达 20 万吨。如此大量的退役锂离子电池如不能合理化处置，必定会对环境带来极大污染，同时还会造成资源的浪费[11]。

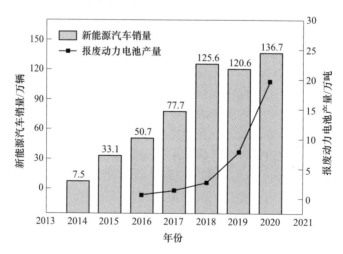

图 1-2　近年我国新能源汽车销量及报废动力电池报废量

为规范退役动力锂离子电池行业发展，我国各部委陆续出台多项政策扶持退役二次电池回收行业。2012 年 6 月，国务院发布了《节能与新能源汽车发展规划》[12]，首次推出了动力电池回收利用管理办法，推动建立动力电池梯级利用和回收管理体系。工信部等部门相继印发了《新能源汽车动力蓄电池回收利用管理暂行办法》[13]及《新能源动力蓄电池回收利用管理暂行办法》[14]，强调落实生产者责任延伸制度，明确了汽车生产企业作为责任主体。自此以来，国家各部委相继颁布政策法规，逐步推动动力电池回收利用进入规范化、产业化阶段。但相比德国 GRS 电池收集系统（共同回收系统）、北美 RBRC（可充电电池回收公司）电池回收体系及日本的经销商负责回收制度的成熟技术与广泛的工业化应用，我国尚无高效、低成本的处置技术与成熟的行业体系，与发达国家相比差距较大[15]。鉴于近年来退役锂离子电池数量激增的现状，开展退役锂离子的电池高效、清洁回收技术及资源化利用研究，具有重大的理论和现实意义。

1.1.2 锂离子电池的物理组成及资源化属性

锂离子电池是靠锂离子在正、负极电极材料中的嵌入或脱出来实现充放电过程的。以经典的 $LiCoO_2$/石墨体系锂离子电池为例，在充电过程中，Li^+ 从正极材料的层片结构中脱出，经过电解液和隔膜后，嵌入到负极碳层晶格中，此时 $LiCoO_2$ 结构失去了一个电子，且 Co^{3+} 被氧化成 Co^{4+}；在充电结束时正极表现为贫锂态，负极为富锂态；放电时，Li^+ 从负极中脱出，经过电解液和隔膜，嵌入到正极材料 $LiCoO_2$ 的层片结构中，Co^{4+} 被还原成 Co^{3+}，充放电过程中所涉及的电化学反应见式（1-1）~式（1-5）[16-17]：

充电反应：

正极：
$$LiMO_2 \longrightarrow Li_{1-x}MO_2 + xLi^+ + xe \tag{1-1}$$

负极：
$$6C + xLi^+ + xe \longrightarrow Li_xC_6 \tag{1-2}$$

放电反应：

正极：
$$Li_{1-x}MO_2 + xLi^+ + xe \longrightarrow LiMO_2 \tag{1-3}$$

负极：
$$LiC_6 \longrightarrow C_6 + xLi^+ + xe \tag{1-4}$$

总反应：
$$6C + LiMO_2 \longrightarrow Li_xC_6 + Li_{1-x}MO_2 \quad (M = Co、Ni、Fe、Mn 等) \tag{1-5}$$

在实际生产中，可根据外观或适用场合的不同将锂离子电池进行分类，如图 1-3 所示[18]。对于不同外观类型的锂离子电池其组成类似，通常包括金属外壳，正、负极电极片，隔膜和电解液及极耳和引线等辅助部分（见图 1-3）。正极由一定比例的活性物质（质量分数为 90%）、导电剂（质量分数为 7%~8% 乙炔黑等）和黏结剂（质量分数为 3%~4% PVDF、PTFE 等）构成。正极活性物质一般由电势较高的含锂过渡金属氧化物组成，如 $LiCoO_2$、层状 $LiNi_xCo_yMn_{1-x-y}O_2$ 三元材料、$LiMn_2O_4$ 材料及 $LiFePO_4$[19]。负极材料通常以石墨为主，电解液则由 $LiPF_6$ 等锂盐和有机溶剂混合而制成[20]；隔膜材料则由聚丙烯（PP）或聚乙烯（PE）膜等聚烯烃物质组成[20]，有机溶剂包括碳酸乙烯酯（EC）、碳酸二甲酯（DMC）和碳酸二乙酯（DEC）等。从锂离子电池正、负极材料的组成可知其具有较高的经济价值，据美国阿贡实验室发布的电池性能和成本模型显示，电极材料约占电池总成本的 44%（正极活性物质占 30%，负极石墨占 14%）[21]。以 5 种不同正极材料的典型锂离子电池为例，对电池中所含金属的种类和含量进行了分析，由表 1-1 可知，电池中金属品位远高于原矿。从金属的市场价值角度，三元电池 $LiNi_xCo_yMn_{1-x-y}O_2$ 材料高于 $LiMn_2O_4$ 和 $LiFePO_4$ 材料。锂离子电池经多次充放电循环后，发生电化学失效、晶体结构破损，失效后的电极材料颗粒松散，内部出现了明显的微裂纹，同时伴随晶格结构的畸变和无序化的增强，这些变化导致了电极材料的电化学性能的降低，并且该过程是不可逆的[22-24]，因此只能通过冶金的方式回收电极材料。

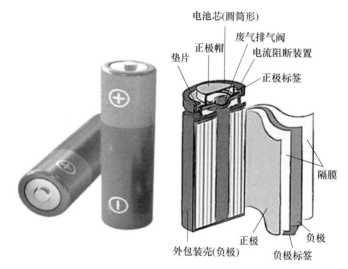

图 1-3 锂离子电池的结构组成[18]

表 1-1 典型锂离子电池中金属相对含量（质量分数）[28-29] （%）

金属元素	均价格（2021 年 4 月）USD/kg	$LiCoO_2$ 电池	$LiMn_2O_4$ 电池	$LiFePO_4$ 电池	NCM111 电池	$LiNi_{0.8}Co_{0.15}Al_{0.05}O_2$ 电池
铝	2.0	5.20	21.70	6.50	22.72	21.90
铜	7.9	7.30	13.50	8.20	16.60	13.30
铁	0.4	16.50	0.10	43.20	8.79	0.10
锂	70	2.00	1.40	1.20	1.28	1.90
钴	30	17.30	0.00	0.00	8.45	2.30
镍	18	1.20	0.00	0.00	14.84	12.10
锰	2.4	0.00	10.70	0.00	5.86	0.00

1.2 退役锂离子电池回收意义

1.2.1 退役锂离子电池的资源回收价值

随着手机、照相机和笔记本等便携电子设备行业的快速发展和产品的更新换代的加快，以及电动汽车和智能电网领域的进一步发展，未来几年将产生大量退役的锂离子电池及生产废料。多数锂离子电池以 $LiMO_2$（$M = Ni$、Co、Mn、Al）型材料作为正极活性物质，其金属品位高于天然矿石。电池中富含一定量的有价金属，通常含有5%~20%的钴、5%~10%的镍、5%~7%的锂。钴和锂作为我国重要的战略金属资源，广泛应用于军事和工业领域，在未来可持续材料和技术中占据重要地位[25-26]。然而我国锂、钴等关键金属资源自产量极低，对外依存度超过85%，主要依赖进口矿石及卤水，且这些金属资源应用在电池生产中占比均超过50%，其中约80%的钴资源应用于锂离子电池电极材料的制造中。与此同时，据美国地质勘探局统计数据（USGS World Mine Production and Reverses 2013），锂离子电池生产所用的镍、钴和锂等元素在我国自然资源储备不高，分别仅占全球储量的4.01%、1.07%和26.99%[27]。自2015年起，我国锂离子电池从产业规模和应用领域上已全面超过韩国、日本，且在资源消耗能力上成为世界第一钴消费国，日益增长的钴资源需求与贫瘠的储量形成了尖锐的供求矛盾，严重制约着我国经济发展。

1.2.2 退役锂离子电池回收的环境保护意义

从环境保护和人类健康角度而言，退役锂离子电池中存在多种具有潜在威胁的物质，其所含的重金属钴、镍均属于易致癌、致突变性金属元素，对人体健康危害极大。此外，电极材料中含氟有机黏结剂和电解液及无机化合物等有毒物质极易污染环境。与此同时，电解液中的 $LiPF_6$ 遇水会分解生成剧毒 HF（见式（1-6）和式（1-7）），由于氟的无节制排放也会造成大气层中臭氧层的破坏。此外，隔膜中所含的聚乙烯材料也属于难降解的固体废物，若以焚烧的方式处理则会产生有害气体，污染空气。基于以上背景，从环境保护和资源回收和再利用的角度分析，退役锂离子电池的资源化回收具有重要的现实意义[30-32]。

$$LiPF_6 \longrightarrow LiF + PF_5 \qquad (1-6)$$

$$PF_5 + H_2O \longrightarrow 2HF + POF_3 \qquad (1-7)$$

退役锂离子电池电极材料的高效浸出是实现有价组分回收利用的关键，本书以退役锂离子电池正、负极电极材料为对象，以有价金属的高效回收与材料结构重构为目标，介绍对正、负极材料中石墨和三元 $LiNi_{1/3}Co_{1/3}Mn_{1/3}O_2$ 材料还原焙烧反应进行热力学和失重行为，阐述还原焙烧反应的理论可行性；介绍电极材料的颗粒团聚行为及有机质赋存状态，建立电极材料颗粒单体解离的评价机制；借助现代分析测试手段，介绍微波强化电极材料碳热还原机制及微波参数对电极材料物相性质及单体解离的影响规律；并以微波为辅助手段，叙述了金属元素的浸出行为及微波强化机理；最后介绍了电极材料的原位液相再生技术，实现退役锂离子电池电极材料变废为宝。图 1-4 为退役锂离子电池工业回收处理流程图。

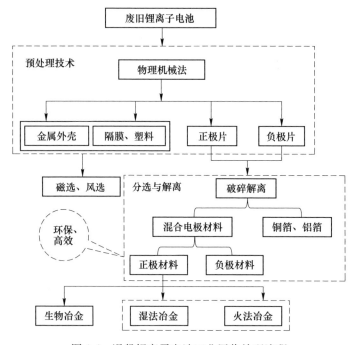

图 1-4   退役锂离子电池工业回收处理流程

1.3   退役锂离子电池资源化研究现状

退役锂离子电池中所含的重金属及强腐蚀性、有毒的电解液，如若不经合理处置，必将对环境造成极大危害。另一方面，电池中的贵金属含量超过自然矿山，对其回收利用能够在一定程度上缓解我国重要战略金属钴资源短缺的困境[33-34]。当前对退役锂离子电池回收的方法主要分为火法冶金[35-36]、湿法冶金[37-38]和生物冶金[37-38]，以及新兴的机械力化学[39-40]、电化学沉积[41-42]、超临界流体萃取[43-44]及离子液体提纯等技术[45-46]。其中，火法冶金、湿法冶金、物理机械冶金及生物冶金由于技术成熟、处理效率高等优点，广泛应用于退役锂离子电池回收工业领域，分别占回收领域的 16.79%、52.76%、22.9% 及 3.05%[47-48]。火法冶金，即采用高温处理的方法从退役锂离子电池中提取金属或合金的方法，通常分为有氧焙烧和热解的方式，广泛应用于锌-锰干电池及镍-铬电池中锌、镍、铬及其他重金属的回收[49-50]。尽管湿法工艺能够得到产率和纯度均较高的冶金产品，但针对三元电极材料中高价态的过渡金属镍、钴和锰在浸出过程中难与酸反应，且消耗大量还原剂的问题[51]，对电极材料的预先还原在退役锂离子电池回收领域得到了广泛关注。据文献报道，较多学者采用热解[52]，熔盐辅助低温焙烧[52]和碳热还原[53-54]的方法将电极材料进行了预先还原处理，采用负极石墨或外加碳源将正极材料还原为金属氧化物、单质金属或碳酸锂。所得到的还原产物可通过水浸回收碳酸锂，然后采用磁选的方式分离单质金属和石墨[53]，得到了较高的回收效率。杨越等人[51]采用还原焙烧的方法，将 $LiCoO_2$ 与石墨以 2∶1 摩尔比混合后在 600℃ 下焙烧 120min，将还原产物进行了硫酸浸出，最终得到了 CoO 和 Li_2CO_3 浸出产物，Co 和 Li 的浸出率接近 100%；李丽等人[52]采用低温热解和水浸结合的方法，将 $LiCoO_2$ 正极材料与 NH_4Cl 在 350℃ 下混合焙烧 20min，最终得到了可溶于水的 Li 和 Co 的盐酸盐，此方法回收率超过 99%。

虽然火法冶金技术操作简单、处理量大，但传统火法冶金通常能耗高且伴有有毒气体产生，造成环境污染，需配备废气处理装置。与火法冶金过程相比，湿法冶金技术具有金属回收率高、耗能低、建设投资少、产品附加值高等优点，因此在退役动力锂离子电池工业化应用方面有着巨大潜力[40]。常规湿法冶金工艺总体可分 4 个步骤：（1）放电和拆解；（2）预处理：使电极材料和集流体分离，并尽可能提高电极材料的浸出反应活性；（3）有价金属元素的浸取：采用较合适的浸取方法使电极材料中的金属转移至浸出液中；（4）金属元素的分离与提纯：对浸取液中的金属进行提纯，或重新制备电极材料及化合物。在整个湿法冶金工艺流程中，浸取环节是有价金属回收的核心环节，决定后续提纯效果的好坏，主要包括无机酸、有机酸浸出工艺[48]，当前典型的退役锂离子电池回收工艺流程如图 1-4 所示。

1.3.1　退役锂离子电池电极材料预处理方法

动力电池通常由外壳、正极、负极、电解液、隔膜和集流体组成，其中金属组分主要分布在外壳、集流体和正极材料中。外壳和集流体中的金属为铝、铜、铁等单质，较容易回收，而正极材料中的锂、钴、镍和锰等金属化合物具有更高的回收价值。然而正极材料在黏结剂的作用下稳定地附着在集流体上，如不经过预处理环节直接回收，会造成回收效率低，且杂质较多。预处理环节的目的是通过一些物理的方法尽可能实现活性物质与集流体的分离，并提高电极材料颗粒的单体解离度，有利于后续金属的浸出。此外，预处理过程能够使正极材料的结构性质发生变化，提高其反应活性，有利于后续的化学提纯操作。常用的处理方法有机械破碎[55-57]、溶剂溶解法[58-60]、热处理法[61-63]和碱溶法[64]等，其中物理法中的破碎是退役锂离子电池回收工业最常用的手段[65]。

1.3.1.1 放电和拆解

通常，退役锂离子电池中会残余部分电量，在进行预处理步骤前需要对其进行放电或失活，以避免短路和自燃。当前主要的放电形式有盐溶液浸泡法[66]、低温放电法[67]、导体或半导体放电法[68]等。盐溶液浸泡的方法通常采用氯化钠溶液浸泡，将电池进行短路处理使电池中的剩余电量释放出来，同时可以将电池中剩余的能量得到有效释放。导体或半导体放电方法是采用金属粉末或者石墨粉末短路的方法进行放电，但金属放电容易产生单体电池在短时间温度升高过快，致使单体电池发生爆炸。张治安等人[69]开发了一种将退役锂离子电池与含导电粉末的介质搅拌混合的放电方法，可以快速地将电池中的剩余电量和能量释放，是一种高效、安全的放电方法。另外，低温冷冻的方法采用液氮将废电池冷冻至极低温，电极材料活性因此降低，然后进行安全破碎。综合各放电方法的成本和安全要求，盐溶液浸泡放电既可以保证稳定、较高的放电效率，同时成本低廉，是目前工业上最常用的放电方法。经放电后的锂离子电池经手工拆解或机械破碎后得到不同组件，可用于后续提纯工艺。经手工拆解后锂离子电池的各部分得以分离，将电极片、隔膜、外壳等组分回收，电极片用于后续电极材料的提纯回收工艺。机械破碎后由于电池不同组分混合在一起，需要在筛分和浮选等工艺处理后将正、负极材料分离，工艺流程如图1-5所示。手工拆解通常可以将电池的各部分精确地分离，但手工拆解废电池由于处理量小、拆解效率低，不适用于大规模的工业生产。

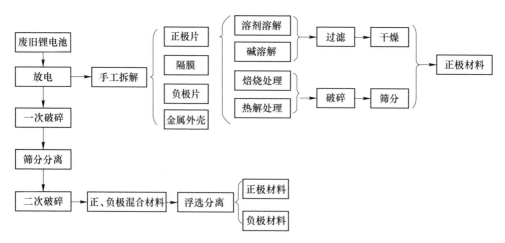

图 1-5 典型锂离子电池预处理过程

1.3.1.2 机械分离法

机械分离法是目前工业上普遍应用的方法，该法是指将整电池破碎后，利用不同组分的粒度、密度、磁性和电导率等性质的差异实现各组分的分离。该法自动化程度高，易于实现退役锂离子电池的批量处理，通常包括破碎和后续分选。张涛等人[70]将整电池进行机械破碎，对不同粒级产品进行了成分、化学元素、形貌等工艺矿物学分析。结果表明，电池中不同组分具有良好的破碎选择性（见图1-6），经机械破碎后会产生3个特征粒级，即Al富集组分（+2mm）、Cu和Al富集组分（-2+0.25mm）及$LiCoO_2$和石墨的富集产物（-0.025mm），-0.25mm组分经表面改性后可实现正、负极材料有效的浮选分离，同时其他各粒级分离效果良好。李丽等人[71]采用了机械法分离电极材料与其他组分，步骤包括破碎、筛分、超声处理及筛分。首次破碎筛分后可分离出隔膜，再经超声水洗后分离出Al、Cu箔和外壳的混合物，最后在55℃水浴下处理10min，可实现电极材料与集流体的进一步分离，分离效率可达到92%。机械分离方法效率高、处理量大，但处理后不同粒级产品组分复杂，致使高粒级物料中夹带细粒电极材料，同时铜、铝和铁的过细粉碎产物又会混入低粒级物料中。由于机械分离的不彻底性，会带来一定量的物料损失，以及后续提纯产品中杂质难以脱除等问题。

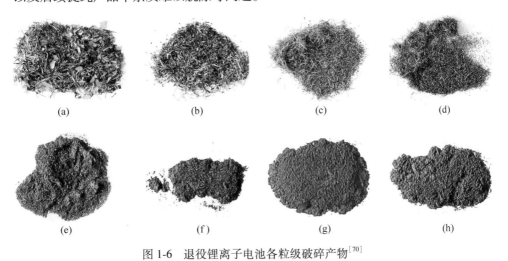

图1-6 退役锂离子电池各粒级破碎产物[70]

(a) +2.0mm；(b) -2.0+1.0mm；(c) -1.0+0.5mm；(d) -0.5+0.25mm；(e) -0.25+0.10mm；
(f) -0.10+0.075mm；(g) -0.075+0.045mm；(h) -0.045mm

1.3.1.3 溶剂溶解法

溶剂溶解法是根据相似相溶的原理，采用有机溶剂溶解正极中的黏结剂，所得到的产品经过滤、干燥后分离出电极材料，此方法能有效地实现电极材料与集流体的分离。由于在黏结剂的作用下正极材料与铝箔结合稳固，材料不易于在集流体上脱落，有学者采取外加超声辅助的方式促使电极材料与集流体的分离[72]。对于正极材料常用的有机黏结剂聚偏氟乙烯（PVDF），选择合适的有机溶剂是提高溶解效率的关键。其中 N-甲基吡咯烷酮（NMP）[73-75]、二甲基甲酰胺（DMF）[76]、二甲基乙酰胺（DMAC）[77]、二甲亚砜（DMSO）[78]等均能够有效地将电极材料表面包覆的有机黏结剂溶解，实现电极材料与集流体的分离，并提高材料的单体解离。Contestabile 等人[79]将电极材料浸泡在 N-甲基吡咯烷酮（NMP）中，100℃下溶解 1h，实现了活性物质与集流体的分离，集流体 Al 和 Cu 以金属形式回收，NMP 蒸馏回收后可循环使用。Xu 等人[76]将拆解得到的正极材料浸泡在 N，N-二甲基甲酰胺（DMF）中，室温条件下剧烈搅拌，使活性物质 Li_xCoO_2 从铝箔上脱除。溶解了 PVDF 的 DMF 在达到饱和后可进行回收，以降低回收过程的成本。对于聚四氟乙烯（PTFE）型黏结剂，NMP 和 DMF 均不能实现正极材料的分离，研究表明三氟乙酸（TFA）可以有效地将电极材料与集流体分离。此外，TFA 不仅能将有机黏结剂溶解，还能溶解正极材料中的金属元素 Ni、Co、Mn、Li 和 Al。采用有机溶剂溶解法分离正极材料与集流体是目前较为常用的方法，但此方法仍存在不足。首先，有机溶剂通常成本较高且有毒性，使用后会产生有机废液而污染环境。其次，该方法所得到的正极材料通常粒度过细，给后续的物料脱水分离带来了难度。因此，溶剂溶解的预处理方法目前仅用于实验室研究，尚未实现工业化利用。

1.3.1.4 热处理法

热处理法主要利用退役锂离子电池中不同组分的分解温度不同，从而实现活性物质与集流体的分离。正极材料中的 PVDF 在 380~500℃时会发生分解，温度达到 500~600℃时石墨会在空气中燃烧，而乙炔黑、导电炭黑一般在 600℃以上开始分解[80]。因此，通过控制热处理温度，可改善电极材料与集流体的分离效果。Lee 等人[81-82]将整个退役锂离子电池放置于马弗炉中，在 100~500℃下热处理 1h，将焙烧产物破碎为 5~20mm 粒级的混料，再在 300~500℃二次处理 1h，所得的产物筛分处理后分别得到活性电极材料与集流体。近年有学者采用低温热解[80]的方法处理退役锂离子电池，黏结剂在热解下生成小分子物质，电极材料因此与集流体分离。Sun 等人[83-84]采用真空热解法分离正极活性物质与集流体。将手工拆解得到的正极材料置于真空热解系统，避免电解液中 $LiPF_6$ 暴露在空气中产生污染。当热解条件为温度 600℃，热解时间 30min，残余气压 1.0kPa 时，正极活性物质与集流体的解离效率接近 100%。正极材料中的有机物分解为小分子液体或气体，冷凝收集后可用于燃料或化学原料。热解后的正极活性物质主要

为 $LiCoO_2$ 和 CoO，与有氧条件下焙烧生成的 Co_3O_4 相比，CoO 更容易溶解到酸溶液中。热处理法操作简单，可有效地去除黏结剂使电极材料解离，易于实现工业化生产。但热处理过程中黏结剂的分解会产生有害物质，需要辅助废气处理装置，且处理过程中耗能较大。

1.3.1.5 碱溶解法

退役锂离子电池正极集流体通常为铝箔，铝作为一种两性金属，既可以溶于酸，又能与碱反应，而正极材料中 $LiCoO_2$、$LiFePO_4$、$LiNi_xCo_yMn_{1-x-y}O_2$ 等不与碱反应。因此可以通过采用 $NaOH$ 溶液溶解铝，实现正极材料的富集回收。Ferreira 等人[85]手工拆解所得的正极片直接在 10%（质量分数）的 $NaOH$ 溶液中溶解，在固液比 33.33g/L、温度为 30℃、反应时间 1h 的实验条件下浸取两次，铝箔的脱除率达到 80%，剩余的正极残渣用于后续的酸浸过程。当铝箔在 $NaOH$ 溶液中溶解时，其表面包覆的 Al_2O_3 保护层优先溶解，整个过程中发生的反应为

$$Al_2O_3 + 2NaOH + 3H_2O \longrightarrow 2Na[Al(OH)_4] \tag{1-8}$$

$$2Al + 2NaOH + 2H_2O \longrightarrow 2NaAlO_2 + 3H_2 \tag{1-9}$$

碱溶解法操作简单、效果良好，易于实现规模化生产。但该方法仍然存在铝元素难以从碱溶液中回收的问题，且处理过程中会释放一定量的氢气，容易发生爆炸。另外，强碱（$NaOH$ 溶液）会对环境产生危害，腐蚀工业设备。因此，该法目前仅适用于实验室研究，尚未被资源再生企业采用。

1.3.1.6 微波辅助冶金技术

利用微波热效应为矿物的冶金过程提供热源，该技术近年来得到了广泛发展和应用。微波是频率在 300MHz~300GHz，波长为 1~1000mm 的电磁波，位于电磁波谱的红外辐射和无线电波之间。微波主要应用于通信和加热两大领域，微波加热在冶金中的应用是近年来发展起来的一种冶金新技术，引起了一些发达国家的高度重视[86]。微波与传统加热方式不同，它不需要由表及里的热传导，而是通过微波在物料内部耗散来直接加热物料。这使得微波加热具有传统加热方式不具备的优点，其穿透力极强，可以即时、快速地对物料加热，且具备对加热物料有选择性、升温速率快等优点，使其在矿石助磨、难选金矿氧化焙烧、从矿石中提取稀有金属和重金属、铁矿石和钒钛磁铁矿的碳热还原等领域得到了广泛应用[87]。

微波加热电介质的主要原理是分子极化，其相互作用机制是材料中具有方向性的分子偶极子因感应微波场的交互电场而发生的弛豫旋转运动，同时部分电磁能转化成材料的内能（见图 1-7）。偶极子具有明显的介电特性，在微波加热下产生转动。除了极性材料的偶极子转动，对于非极性材料而言，在施加外部电场

后，非极性分子或原子周围电子云可进行短暂的极性运动，由此产生的摩擦热则转化为材料的内能。物料经微波照射后，会产生反射、吸收和透过三种现象，常将微波照射后的物料分为导体、绝缘体、介质和磁性化合物，其对微波照射的响应如图1-7所示。通常由于在微波辐照下，矿石中不同成分物质吸收微波的能力不同，致使不同物质升温速率不一致，不同物质的界面因此而产生热应力，当这种热应力达到一定程度时，物质界面间就出现了裂纹。Amankwah 和 Ofori 等人[88]利用微波辐射活化处理金矿后，微粒内部产生了热应力裂纹，因此提高了含石英、硅酸盐和氧化铁易磨金矿的可磨性，并且破碎强度减少了31.2%，金矿浸出速率相比无微波活化处理的浸出时间由22h减少到12h。Olubambi 等人[89]研究表明增加微波功率和时间有利于硫化矿物体积的减小，并认为矿物之间的内应力引诱了矿物裂纹的发生，因此硫化矿的溶解速率大幅提升。

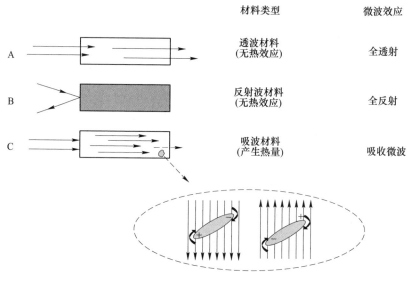

图 1-7 微波加热物质的基本原理

1.3.2 电极材料中有价金属浸出

1.3.2.1 酸浸工艺

浸出工艺是湿法回收电极材料有价金属的重要环节，通过适当的浸出剂处理电极材料，将目标金属以某种离子形态进入溶液，与杂质分离并用于后续提纯，该过程主要包括无机酸、有机酸及微生物浸取等。无机酸（$HCl^{[90-92]}$、$HNO_3^{[93-94]}$、$H_2SO_4^{[95-97]}$、$H_3PO_4^{[98]}$）浸取工艺的优点在于成本低、浸出效率高，但过程中容易产生有毒气体及废液造成二次污染，尤其是 HCl 浸取过程中会产

生 Cl_2，需要相应的辅助设备进行回收。此外，无机酸具有较强的腐蚀性，对设备保护要求较高，在一定程度上增加了生产成本。有机酸浸出工艺近年来得到广泛关注，其采用乙酸[99]、柠檬酸[100-102]、苹果酸[103-104]、琥珀酸[105]、抗坏血酸[106]、天冬氨酸[107]、草酸[108-109]、酒石酸[110]、马来酸[111]、乳酸[112]等有机酸作为浸出剂。为了提高金属元素的浸出率，通常在酸液中加入一定量的还原剂，包括 H_2O_2、$NaHSO_3$、$Na_2S_2O_5$ 及葡萄糖等[113-114]，目的是将正极材料中的 3 价 Co 和 4 价 Mn 还原成 2 价，以便提高过渡金属离子在浸出液中的溶解度。此外，近年来各种新技术的应用也不断被报道，如机械化学法浸出[115-117]、焙烧后选择性浸出[118-120]、氨浸[121-122]、聚氯乙烯（PVC）同步脱氯浸出[123]、超临界 CO_2 辅助浸出及电化学浸出[124]等。

A 无机酸浸取

化学浸出能够将正极活性物质中的金属组分转移至溶液中，已有大量文献报道采用无机酸溶解退役锂离子电池正极材料，浸出过程中所发生的反应见式（1-10）~式（1-12）。李金惠等人[125]以退役锂离子电池破碎产物为对象，通过筛分获得 $LiCoO_2$ 富集产物，采用 4mol/L 浓度的 HCl 浸取有价金属，在温度 80℃ 和时间 2h 条件下，得到 Co 和 Li 的浸取效率分别达到了 99% 和 97%。Lee 等人[42]采用机械法和热处理结合实现活性物质与集流体分离，高温脱除残余碳和有机黏结剂后，在 1mol/L 的 HNO_3 和 1.7%（体积分数）H_2O_2 浸取活性物质 $LiCoO_2$。在温度 75℃、固液比 1:50g/mL、时间 1h 条件下，Co 和 Li 的浸取效率均达到 95%。此外，一些学者对无机酸浸取的反应热力学和动力学进行了研究。Takacova 等人[126]研究了无还原剂条件下，$LiCoO_2$ 在 HCl 和 H_2SO_4 溶液中的浸取机理。结果表明，浸取反应可以分成两个阶段。Co 在第一阶段的提取过程是由化学反应控制的，并且在 HCl 和 H_2SO_4 体系控制过程是一样的。而在第二阶段，Co 在 HCl 中的浸取过程是受扩散控制，而在 H_2SO_4 中是受混合控制的。Li 的提取在第一阶段受混合控制，第二阶段受扩散控制。当采用无机酸作为浸出剂时，Li 和 Co 几乎完全浸出，但浸出过程中会产生 Cl_2、SO_3 和 NO_x 气体，同时浸出后的废酸液也会对环境和人体构成潜在威胁。

$$2LiCoO_2 + 8HCl \longrightarrow 2CoCl_2 + Cl_2 + 2LiCl + 4H_2O \qquad (1-10)$$
$$2LiCoO_2 + 3H_2SO_4 + 3H_2O_2 \longrightarrow 2CoSO_4 + 2O_2 + Li_2SO_4 + 6H_2O \qquad (1-11)$$
$$4LiCoO_2 + 12HNO_3 \longrightarrow 4Co(NO_3)_2 + O_2 + 4LiNO_3 + 6H_2O \qquad (1-12)$$

B 有机酸浸取

近年来，研究者开始使用有机酸浸出退役锂离子电池电极材料中有价金属元素。相比于无机酸，有机酸的优势在于其容易生物降解，并且浸出过程中不产生有毒气体而对环境造成危害，并且酸性较弱，对设备腐蚀程度低。李丽课题组近年来对有机酸浸取工艺进行了大量的深入研究，并从微观化学反应角度揭示了电极材料的湿法冶炼机理，得到了较高的回收效率。采用易于降解的苹果酸[127]作为浸出剂，开发了从退役锂离子电池正极材料中回收 Co 和 Li 的环境友好工艺。结果表明，苹果酸的浓度对 Co 和 Li 的浸出率有显著影响，升高反应温度、延长浸出时间均能改善上述两种金属的浸出率，加入还原剂 H_2O_2 大大加速了正极材料的溶解过程。此外，研究者采用乙酸/马来酸浸出剂从 NCM 三元材料中浸取 Li、Co、Ni、Mn，浸出率均达到 97% 以上，并从宏观和微观的角度分析了三元材料的浸出机理，提出了电极材料颗粒松弛-破裂-缩核反应模型（见图1-8）。通过反应动力学计算可知，两种酸的反应体系均符合扩散控制，并以 FT-IR 和 UV-Vis 分析表征了浸出液中 Co 络合物的分子结构。最终，通过液相中材料再生的方式从浸出液中直接合成了 NCM 材料，并测试了合成材料的电化学特性，所得到的电极材料电化学性能良好。

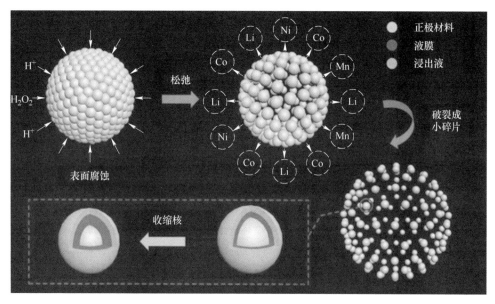

图 1-8 三元电极材料乙酸/马来酸浸出过程反应机理[127]

锂离子电池中的高价过渡金属 Ni、Mn 和 Co 元素具有化学键稳定、难溶且难与酸反应的特性，在浸出反应中需要先被还原至低价，才能具备与酸反应较高的活性[128]。通常在电极材料的酸浸过程中加入具有还原性的试剂，以促进反应的进行。H_2O_2 是退役锂离子电池湿法冶炼较为常用的一种还原剂，其作用是将高价金属还原成低价可溶态，反应式如下：

$$H_2O_2 + 2H^+ + 2e \longrightarrow 2H_2O, \qquad E_1^{\ominus} = 1.77V \qquad (1-13)$$

$$Me^{a+} + e \longrightarrow Me^{(a-1)+}, \quad E_3^{\ominus} = 1.8V \qquad (1\text{-}14)$$

李丽等人[129]将手工拆解所得到的退役锂离子电池正负极片破碎后,采用 NMP 溶解的方法实现活性物质与集流体的分离。将 $LiCoO_2$ 在 700℃ 条件下煅烧 5h 除去碳和黏结剂 PVDF,处理后的物料在行星球磨机中研磨后,采用柠檬酸和 H_2O_2 从电极材料中浸取有价金属。在最优条件下,Co 的浸取率超过 90%,而 Li 的浸取率接近 100%。由于部分有机酸自身具有一定的还原性,在浸出过程中可不必再加入还原剂。Nayaka 等人[130]以氨基乙酸为浸出剂,抗坏血酸($C_6H_8O_6$)为还原剂,开展了退役锂离子电池中 Li、Co 的回收研究,结果表明,抗坏血酸的加入可以使浸取效率大幅提高,同时可以起到酸和还原剂的双重作用。高文芳等人[131]以甲酸(CH_2O_2)为浸取剂,在不引入其他酸和还原剂的条件下,甲酸可以同时起到酸和还原剂的作用。此外,Li 经反应进入溶液后直接与 CO_3^{2-} 生成沉淀,而 Al 在整个过程中未参与反应,证明甲酸浸取体系是具有高效性和选择性的。近年来,部分学者探索了酸浸反应前电极材料的预先还原,杨越等人[132]通过对电极材料的热解,使负极材料中的碳还原正极中 Ni、Co、Mn 元素呈低价,以此优化酸浸取效率。锂离子电池的典型酸浸工艺条件和回收效率见表 1-2。

表 1-2 典型电极材料酸浸实验方法归纳

酸体系	试剂用量	工艺条件(T, t,固液比)	回收效率/%	文献
羧酸+H_2O_2 还原	1.5mol/L 苹果酸+2%(体积分数)H_2O_2	90℃,40min,20g/L	Li 为 100,Co 大于 90	[127]
	1.25mol/L 柠檬酸+1%(体积分数)H_2O_2	90℃,30min,20g/L	Li 为 100,Co 大于 90	[129]
	1mol/L 乙酸+6%(体积分数)H_2O_2	70℃,60min,20g/L	Li 为 98,Co 为 97 Ni 为 97,Mn 为 97	[133]
	2mol/L 马来酸+2mL H_2O_2	70℃,1h,20g/L	Li 为 98,Co 为 98 Ni 为 98,Mn 为 98	[134]
羧酸+生物质/羧酸还原	0.4mol/L mol/L 酒石酸+0.02mol/L 抗坏血酸	80℃,5h,20g/L	Li 为 100,Co 为 97	[135]
	1.5mol/L 柠檬酸+0.4g/g 美商陆	80℃,2h,40g/L	Li 为 96,Co 为 83	[136]
	1.25mol/L 抗坏血酸	70℃,20min,25g/L	Li 为 99,Co 为 95	[106]
	2mol/L 甲酸	60℃,2h,50g/L	Li 为 98,Co 为 99 Ni 为 98,Mn 为 99	[131]
	1.5mol/L 柠檬酸+0.5g/g 葡萄糖	80℃,120min,20g/L	Li 为 81,Co 为 98 Ni 为 98,Mn 为 97	[137]

酸体系	试剂用量	工艺条件(T,t,固液比)	回收效率/%	文献
酸+焙烧/热解/集流体还原	1mol/L草酸	80℃，2h，50g/L	Li为98，Co为98	[84]
	1mol/L H₂SO₄+Cu/Al集流体	30℃，1h，4g/L	Li、Co、Ni、Mn均为100	[138]
	正极材料、褐煤还原焙烧+碳酸水浸Li+硫酸浸	650℃，3h，15g/L	Li为84.7，Co、Ni、Mn为99	[118]
	正、负极混合热解+2.25mol/L H₂SO₄酸浸	LiCoO₂：C=2：1 80℃，30min，100g/L	Li、Co为100	[51]

1.3.2.2 微波辅助浸出工艺

微波是一种清洁的环境友好型能源，对物料中的物质有选择性加热的特性。将微波加热应用到自然矿物或固废浸出，可显著强化浸出过程。当前在Fe、Co、Ni、Pb、Zn等重金属冶金，Al、Mg轻金属，Ti、Mn和Mo稀有金属及Au、Ag和Pt贵金属冶金领域得到广泛应用。微波辅助浸出一方面可以增强固液体系的扰动效应，破坏黏附于固体颗粒表面的附着物，使新鲜表面暴露出来，提高与液相反应物的接触机会；同时微波选择性加热行为有助于颗粒表面产生微裂纹，增大反应界面的表面积，加速浸出反应。翟秀静等人[139]采用微波选择性还原焙烧-硫酸浸出对氧化镍矿进行提取。通过微波对物料实现快速加热，加速矿物中Ni和Co金属的还原，并控制Fe的还原，以此实现矿物的选择性还原焙烧，焙烧产物用于Ni和Co的选择性浸出；此方法耗时短、能耗低，且药剂消耗量低，对环境污染低。此外，微波加热-氯化法也可以选择性加热有价金属氧化物，由于Ni、Co、Cu等氧化物均可被微波加热，而Mg、Si、Fe等则几乎不吸收微波，因此要利用微波的选择性加热行为，使Ni、Co等元素的氯化反应被促进，转变成氯化物，从而提升后续的浸出效率。由此可见，微波处理含Ni矿石是一种应用前景较好的新方法。

1.3.2.3 酸浸反应动力学

电极材料的浸出实质是其中金属元素在酸中的溶解过程，属于液-固非均相反应，反应发生在两相界面上。整个浸出过程的速度与反应物扩散速度、化学反应速度和生成物离开界面并扩散至液相中的速度有关，其中最慢的一步是整个酸浸反应的控制步骤[89]。对浸出过程中控制步骤的确定有利于研究一定条件下，反应达到某一程度所需要的时间，分析各因素对反应速率的影响，得出动力学优化条件，这对提高浸出效率是至关重要的[90]。因此，通过建立浸出率与浓度、温度、粒度等之间的动力学模型，可以判定酸浸反应控制步骤。当前所采用的模型中，缩核模型（shrinking core）[104,131,140-141]、经验模型（empirical）[142-143]、Avrami 模型[11]、修正立方模型（revised cubic rate low）[144-145]较为常用。其中，缩核模型在动力学研究中应用最为广泛。根据实际反应控制步骤的差异，缩核模型又可以分为液膜控制（见式（1-15））、化学反应控制（见式（1-16））及"灰层"控制（见式（1-17））模型。通过动力学模型所推导的反应常数 k，可用于计算表面活化能 E_a 的值，通常可由 Arrhrnius 方程（见式（1-18））得出，E_a 值通常可以判定浸出反应的控制步骤，进而调整工艺参数，优化浸出反应。

$$X = k_1 t \tag{1-15}$$

$$1 - (1 - X)^{1/3} = k_2 t \tag{1-16}$$

$$1 - 2/3x - (1 - X)^{2/3} = k_3 t \tag{1-17}$$

$$\ln k = \ln A - \frac{E_a}{RT} \tag{1-18}$$

式中，X 为浸出效率，%；t 为反应时间，min；k 为反应速率常数；A 为频率因子；E_a 为反应表观活化能，kJ/mol；R 为摩尔气体常数。

1.3.3 有价金属的分离与提纯

经浸取反应后，电极材料中钴、镍、锰、锂元素以离子的形式存在于浸取液中，需经过化学方法从浸取液中提取这部分金属离子，常用的方法包括化学沉淀法[91,146]、电化学法[147-149]、溶剂萃取法[150-152]，以及近年出现的吸附法[153]、电渗析法和离子交换[154]等。溶剂萃取法是通过萃取剂与金属离子形成配位络合物，从而对不同金属离子进行分离的方法，在电极材料浸取液纯化分离领域广泛应用。常用的萃取剂主要有 D2EHPA、PC-88A、Cyanex272 及 TOA 等[134]。目前，溶剂萃取法已成功应用于工业生产上，并得到高纯度的纯化产品，但该方法常伴有有毒萃取剂的使用。化学沉淀法是在浸出液中加入沉淀剂，使金属形成溶解度低的化合物分别沉淀出来，达到分离金属离子的目的。常用的沉淀剂有 Na_2CO_3、NaOH、$Na_2C_2O_4$ 及 Na_3PO_4 等。由于电极材料浸取液中金属离子种类多，且 Ni、Co、Mn 三种元素具有相近的沉淀性质，往往要结合萃取法才能实现各金属元素的分离纯化。此外，电化学沉积技术被更多学者关注，并应用于电极材料回收，通过电化学还原沉积浸取液中 Co^{2+} 从而得到钴金属膜、合金或多沉积物。Barbieri 等人[149]采用活性物质 $LiCoO_2$ 的 HNO_3 浸取液为原料，Ag/AgCl 为参比电极，控制电压为 -0.85V 及电荷密度为 $20C/cm^2$，使 Co(OH)$_2$ 沉积在掺铟三氧化锡（ITO）电极上。电化学沉积法所得到的产物纯度较高，但该方法耗能较高，不适宜大规模工业化推广[155-156]。而生物冶金工艺由于处理周期长、细菌培养困难等技术困难较少在工业上得到利用，仅占回收领域的 3.05%，新兴的回收方法目前仍处于研发阶段，尚未形成产业化阶段[37]。

1.3.4 电极材料再合成及修复再生方法

1.3.3 节对浸出液中金属元素的提纯进行了总结，当前常用的方法技术较为成熟，但由于浸出液中金属离子成分复杂，且 Ni、Co 和 Mn 的分离提纯往往消耗大量的化学试剂，成本较高。此外，该提纯方法所得的 Li 和 Co 的化合物又是制备锂离子电池正极材料的原料物质。近年来，有学者考虑直接以退役电池电极材料的浸出液为原料，重新合成电极材料或其他无机化合物，避免非必要的分离提纯步骤，降低了回收成本。当前由浸出液重新合成电极材料的方法主要有共沉淀法[157-159]、溶胶凝胶法[160-162]和直接再生[163-164]等方法。

1.3.4.1 溶胶凝胶法

溶胶凝胶法是一种常用的合成电极材料的方法，该方法一般采用无机或有机盐作为母体，加入适量螯合剂使之发生水解、聚合、成核和生长等过程形成溶胶，蒸发后得到凝胶，最后经过煅烧得到产品。Yang 等人[160]在正极材料的 HNO_3 浸取液中加入氨水调节 pH 值为 11，使 Co 和 Fe 完全沉淀出来。然后将沉淀物重新溶解于 HNO_3 溶液中，并加入一定量的 $Co(NO_3)_2$ 和 $Fe(NO_3)_2$ 调节 Co 和 Fe 的比例为一定值。采用酒石酸作为凝胶剂，搅拌蒸发至凝胶态，最后在 800℃煅烧 6h 可获得 $Co_{0.8}Fe_{2.2}O_4$ 磁性材料。该材料的饱和磁化强度高达 61.96emu/g。溶胶凝胶法可以实现各组分原子级的均匀混合，热处理过程的温度低，时间短，得到的产品有良好的均匀性和纯度。但该法由于过程控制复杂，不易于大规模工业应用，目前主要用于实验室的合成研究。

1.3.4.2 共沉淀法

共沉淀法是指当溶液中含有两种或多种阳离子时，在加入沉淀剂后，各阳离子能够被均匀地沉淀下来。因此，该法适合应用于制备含有两种或两种以上金属元素的复合氧化物粉体。共沉淀法是目前合成三元正极材料最常用的方法，该方法能够实现准确的化学计量，且产品的粒度和形貌容易控制，反应温度较低。三元电极材料的共沉淀法可分为直接共沉淀和间接共沉淀法。前者是指将锂盐与镍、钴、锰的盐同时沉淀，再直接高温烧结，但由于锂盐溶度积一般较大，难以与过渡金属一起形成共沉淀，因此应用较少。间接沉淀法是先配制一定计量比的过渡金属盐溶液，加入沉淀剂后得到三元混合共沉淀前驱体，过滤洗涤干燥后与锂盐混合烧结；或者在过滤前将锂盐加入混合共沉淀前驱体的溶液中，蒸发或冷冻干燥，再进行高温烧结。在共沉淀法制备三元电极材料时，反应温度、溶液浓度、溶液 pH 值、搅拌速率和烧结温度是控制最终产物的形貌和粒度分布的关键。He 等人[144,165]提出了以退役锂离子电池为原料重新制备镍钴锰三元正极材料的湿法工艺，首先采用超声清洗的方法来实现正极活性物质和集流体铝箔的分离，正极活性物质的脱除率接近 99%。采用 H_2SO_4 作为浸取剂、H_2O_2 作为还原剂对 $LiNi_{1/3}Co_{1/3}Mn_{1/3}O_2$ 正极活性物质进行了酸浸，在最佳试验条件下，Li、Ni、Co 和 Mn 的浸取率接近 99.7%。然后在浸取液中加入硫酸盐调节 Ni、Co 和 Mn 的摩尔比例为一定值后，通过碳酸盐共沉淀法制备各种比例的 $Ni_xCo_yMn_zCO_3$ 前驱体。过滤前驱体后，在滤液中加入饱和 Na_2CO_3 可沉淀回收 Li_2CO_3。最后，将 $Ni_xCo_yMn_zCO_3$ 前驱体和 Li_2CO_3 混合均匀，通过高温煅烧可重新制备 $LiNi_xCo_yMn_zO_2$ 正极材料。

1.3.4.3　直接修复再生法

由于当前退役电极材料的回收主要基于高温处理和溶解等方法，然而酸液的使用产生额外的废物，并使回收过程复杂化。有学者针对退役电极材料直接修复再生进行了相关研究，旨在开发一种节能、无损的方法直接回收正极材料。该方法以高温固相法[166-167]和水热法[37]修复再生最为常用，高温固相法通常是将预处理得到的活性材料补加一定的锂化合物，再直接高温煅烧得到修复电极材料。石杨等人[168]以废三元电极材料为原料，分析了经循环使用后电极材料的晶体结构性质，通过与未使用过的原料对比得知，虽然二者体相均为层状结构，但循环后电极材料表面则变为尖晶石和岩盐结构。这两种结构具有较低的锂离子传导率，这种表层的结构转变是导致容量衰减的一个重要原因。对废电极材料进行水热处理和短暂的高温烧结，材料中的锂含量能恢复到原始水平，其表面的尖晶石和岩盐结构也能转变回为层状结构，并对修复后的电极材料进行了循环性能和倍率性能的电化学测试，结果表明电极材料的电化学性能完全恢复到原始材料的水平。Kim 等人[169]将退役锂离子电池的 $LiCoO_2$ 正极材料放入 5mol/L LiOH 溶液中，在 200℃恒温水热反应 20h，同时实现 $LiCoO_2$ 结构的恢复和与集流体的分离。所得到恢复后的正极材料首次放电容量可达到 144.0mA·h/g，40 次充放电循环后容量保持率 92.2%(0.2C，3~4.3V)。直接再生技术一般要求原料纯度较高、杂质含量低，因此生产废料是比较理想的原料。通过直接再生可以缩短回收路径，减少回收成本。而对于退役锂离子电池，其原料成分的多样性及材料失效程度不一等复杂情况，成为制约正极材料直接再生技术产业化的重要因素。

2 退役锂离子电池电极材料性质

退役锂离子电池冶炼回收过程通常伴有较难解决的技术和理论难题，其中正极材料中高价态的过渡金属 Co、Ni 和 Mn 元素在三元材料 $LiNi_{0.5}Co_{0.2}Mn_{0.3}O_2$ 中结构稳定、化学键难以断裂，且不易在水中溶解，尤其+3 价的 Mn 需要在强酸和强还原剂环境下才能转为可溶的+2 价 Mn，这使常规有机酸浸出工艺下反应无法进行彻底，因此对过渡金属元素的预先还原对其化学反应活性的提高尤为重要。传统冶金工艺所采用的外部加热方式使化学反应容易局限在固体颗粒表面，所产生的固体生成物层包裹未反应核，形成"冷中心"现象，致使化学反应受阻、速率变慢，且传热困难、增加了能耗，制约电极材料回收工艺整体的效率。从文献资料分析看，微波活化预处理、微波场下强化浸出都可能提高目标离子的浸出率，为了降低焙烧时的能耗，促进电极材料酸浸行为，开发较低温度药剂消耗下的浸出工艺，本章借助微波强化电极材料的解离及高价过渡金属还原，以提高电极材料的酸浸特性。

本章首先表征了退役锂电池材料的物相特征和微观性质，通过对正、负极电极材料的基本物化性质和参数研究，为后续冶金工艺的选择和理论的提出奠定研究基础。本章分别介绍了采用的实验装置、化学试剂、分析测试技术及实验方法，对所涉及的实验步骤进行了简要描述。其次，重点研究了微波热效应机理，以及物料在微波场的升温行为，并通过计算热力学方法对碳热还原反应过程的热力学行为进行研究。借助 EPMA、SEM-EDS、XRD 和 XPS 等分析设备，对反应前后电极材料的物相性质进行分析，以实验表征手段对微波碳热还原的可行性进行实际验证。从理论层面对微波碳热还原的可行性进行了研究，再结合现代表征测试手段对还原焙烧处理后材料的物相性质变化进行研究，探求还原焙烧过程的反应机理，为后续实验操作条件的设计、方案的选取提供研究依据。

2.1 锂离子电池原料组成

本节所采用的退役锂离子电池来源于某退役动力电池拆解公司，以 18650 圆柱形 $LiNi_xCo_yMn_{1-x-y}O_2$ 电池作为本节研究对象。为明确各组分在退役锂离子电池中的含量，将手工拆解获得的各组分称重，计算其在电池中的质量分数。将正、负极电极片自然风干 24h 脱除残留电解液，通过风干前后质量差计算电解液含量 ω_1；将脱除电解液的电极材料从电极片上手工剥离，并采用 2mol/L 的 NaOH 溶液将剥离后的铝箔完全溶解，收集未溶解的残余物质烘干后并入手工剥离的电极材料，分别计算正极材料和铝箔的含量 ω_2、ω_3，负极材料和铜箔的含量则以负极片水溶后不同产品质量计算。回收此步骤所得物料，用于后续研究，计算各组分的含量见表2-1。

表 2-1　退役锂离子电池组成及含量

物　料	组　分	质量/g	含量（质量分数）/%
锂离子电池	外壳	10.79	24.36
	集流体	10.02	22.62
	正极材料①	11.29	25.49
	负极材料②	8.22	18.56
	隔膜	1.9	4.29
	电解液	2.08	4.70
正极电极片	正极材料①	11.29	74.23
	电解液	1.15	7.56
	铝箔	2.77	18.21
负极电极片	负极材料②	8.22	50.12
	电解液	0.93	5.67
	铜箔	7.25	44.21

① 包含正极活性材料、导电剂和黏结剂。

② 包含石墨、黏结剂和导电剂。

采用图2-1所示流程对退役锂离子电池进行预先处理。首先将锂离子电池在

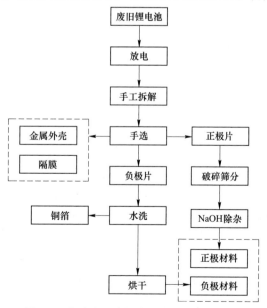

图 2-1　实验室退役锂离子电池预处理流程

质量分数为 5%的 NaCl 溶液中浸泡 48h 进行放电，然后通过手工拆解得到不同部分，将钢外壳、隔膜直接手工拣选回收。将正、负极电极片剪切成约 10mm×10mm 的碎片，用万能粉碎机将正极片破碎，经 0.074mm 标准筛筛分后，收集筛下产物，获得电极材料粉末。而未从电极片上脱落的电极材料，采用 2mol/L 的 NaOH 溶液处理破碎后的正极片，使电极片上电极材料完全脱落得以回收，负极材料则通过水洗后回收粉末。

2.2　退役锂离子电池回收工艺简介

本节结合工业化回收工艺，开发退役电极材料的回收和再利用工艺，整个流程如图 2-2 所示。退役锂离子电池经放电处理后，通过手工拆解成不同组分，将

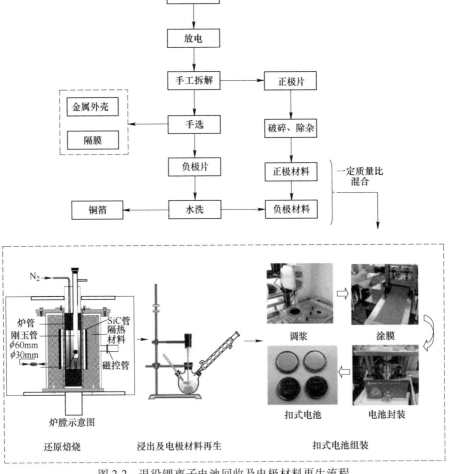

图 2-2　退役锂离子电池回收及电极材料再生流程

金属外壳、隔膜和正、负极电极片通过手选分离，金属外壳和隔膜直接回收；负极片经水洗后负极材料与铜箔分离，经过滤、烘干后回收负极材料粉末；将正极片在万能粉碎机中破碎，破碎产物经 0.074mm 标准筛筛分，收集筛下产物，并在 NaOH 溶液中进行除杂；而未从电极片上脱落的电极材料，采用 NaOH 溶液处理破碎后的正极片，使电极片上电极材料完全脱落以回收。将预处理回收后得到的正、负极电极材料按一定质量比混合，置于微波管式炉中进行还原焙烧处理，此过程可实现正极材料中 Ni、Co 和 Mn 过渡金属的还原，并有效脱除正极材料中有机黏结剂 PVDF，使电极材料充分解离。将还原焙烧产物研磨后进行酸浸处理，此过程在微波化学反应器中进行，反应后将料浆过滤分离浸出液和浸出残渣。净化后的浸出液经离子浓度调整后，继续在微波化学反应器中继续以恒温模式加热，直至浸出液变为溶胶转移至干燥箱中继续加热得到干凝胶，再在马弗炉中进行有氧煅烧，制备三元正极材料。通过对退役锂离子电池电极材料的还原焙烧和浸出研究，得出了正、负极材料混合还原焙烧的最佳条件为：恒温时间 25min，负极材料掺入量 10%，恒温温度 900℃，在此条件下 Ni、Co、Mn 的还原率分别达到 94.86%、92.45% 和 88.76%。由浸出实验的优化得出最佳浸出工艺条件为微波功率 640W、反应时间 35min、搅拌转速 500r/min、固液比 15g/L 及酸浓度 0.75mol/L，此时 Ni、Co、Mn 和 Li 的浸出率分布为 97.84%、98.01%、98.16% 和 98.29%。

2.3 实 验 方 法

2.3.1 分析方法

2.3.1.1 固体粉末及浸出液元素组成分析

本书采用美国 Agilent 公司的 NWR 213-7900 型 ICP-MS 分析电极材料原样和浸出液中金属元素浓度。对于正极材料和残渣粉末，取 1g 干燥样品与 100mL 王水（浓盐酸与浓硝酸按 3∶1 体积比混合）混合，在 70℃ 恒温水浴条件下至充分消解，此过程持续补水保持溶液体积不变，待消解完成后收集消解液定容至 100mL。为确保溶液中待测离子浓度处于 ICP-MS 仪器检测范围（$0.1 \times 10^{-9} \sim 1 \times 10^{-6}$）区间，将所得到的溶液在 100mL 容量瓶中用去离子水进行两次 100 倍的稀释，最终稀释 10^4 倍。实验中所采用的标准溶液由钢研纳克公司生产，将标准液的浓度分别稀释至 $10 \times 10^{-9} \sim 500 \times 10^{-9}$ 进行测试。每个样品的测试进行 3 次重复实验，以稳定数据的平均值为最终测试结果。

2.3.1.2 表面形貌及元素分析

采用高分辨扫描电子显微镜分析电极材料原样、还原焙烧产物及酸浸残渣和再制备产物粉末表面形貌，以此满足不同尺度形貌研究和分辨率要求。测样前，取 0.2g 粉末样品与 10mL 无水乙醇混合，在 60W 超声强度下分散 10min，以确保粉末样品的充分分散。将分散好的物料均匀涂在载玻片上，静置待乙醇完全挥发，然后用导电胶带粘取少量样品并吹去多余粉末，对处理好的样品进行喷金处理，以提高其导电性。设备电压为 25kV，并采用 EDS 对电极材料表面元素和分布状态进行分析，无标样半定量分析模式。

采用 3D-XRM 分析电极材料还原焙烧前后的三维形貌和二维孔隙指标，研究微波热效应对电极材料形貌影响机制。借助三维分析软件 Dragonfly 对样品的孔隙尺寸和连通性进行定量分析。测样前，将电极材料用压片机制成直径 2cm 的圆片，在微波管式炉中还原焙烧后取出，将原料和焙烧产物进行 3D-XRM 测试。测试条件为：钨靶材，X 光管电压：50kV，X 光功率：4W，3D 空间分辨率：0.5~55μm。

2.3.1.3 晶体结构及晶格参数分析

采用 XRD 对三元电极材料的物相和晶体结构参数进行分析。XRD 仪器的测试条件为：Cu 靶 K_α 辐射，管电压为 35kV、电流为 30mA，扫描范围 2θ 为 5°~90°，步长为 0.02°，扫描速度为每步 0.2s。采用 Rietveld 全谱拟合法对采集到的 XRD 谱图进行结构精修，以获得晶格参数 a 和 c 及判断因子。并借助原位 XRD 技术对还原焙烧过程中的物料进行分析，测试条件为：Cu 靶 K_α 辐射，功率 3kW，N_2 气氛焙烧，扫描范围 2θ 为 10°~80°，步长为 0.02°，扫描速度为每步 0.2s。

采用 TEM 对镍钴锰三元电极材料的内部晶体结构和晶格形貌进行研究。测样前，取 0.05g 待测粉末样品与 5mL 无水乙醇溶液混合，在 60W 强度超声下分散 10min，以确保粉末样品充分分散。测试时用铜网捞取样品颗粒，用于普通图像和高分辨图像采集。

2.3.1.4 表面元素及化学态分析

采用 XPS 对三元电极材料的表面碳元素和金属元素价态进行分析，仪器测试条件为：单色化 Al K_α 线，300W 的 X 射线源，粉末样品在专用模具下压成直径 1cm 的圆片。测试数据以 C—C 键 284.8eV 为标准结合能校正，并对测试数据进行拟合、分峰和峰位检索分析。

本章所采用的分析测试仪器、实验设备见表 2-2。

表 2-2 本章所用分析测试仪器及实验设备

设备用途	设 备 名 称	型 号	国别及厂家
物相及化学组分分析	X 射线衍射仪（XRD）	D8 ADVSNCE	德国 Bruker
	变温 X 射线衍射仪（HTXRD）	Empyrean	荷兰 PANalytical
	电感耦合-等离子体质谱仪（ICP-MS）	NWR 213-7900 ICP-MS	美国 Agilent
	X 射线荧光分析仪（XRF）	S8 TIGER	德国 Bruker
	热重分析仪（TGA）	Q500	美国 TA
	X 射线光电子能谱仪（XPS）	ESCALAB 250Xi	美国 Thermo Fisher
表面及形貌分析	扫描电子显微镜（SEM）	Quanta 250	美国 FEI
	高分辨场发射扫描电子显微镜（FSEM）	MAIA3 LMH	捷克 Tescan
	激光颗粒分布测量仪	GSL-1000	中国辽仪
	场发射透射电镜（TEM）	Tecnai G2 F20	美国 FEI
	高分辨三维 X 射线显微成像系统（3D-XRM）	Xradia 510 Versa	德国 Carl Zeiss
	傅里叶变换红外光谱仪（FT-IR）	VERTEX 80v	德国 Bruker

2.3.2 定量指标

2.3.2.1 浸出率计算

取待测液 1mL 经两次稀释、定容后，采用 ICP-MS 定量分析溶液中金属元素的浓度，换算成稀释前浸出液的金属浓度 C_a，通过式（2-1）计算金属元素的浸出率。

$$X = \frac{C_a \cdot V_a}{M_0} \times 100\% \tag{2-1}$$

式中，C_a 为浸出液中金属离子的浓度，g/L；V_a 为浸出液的总体积，L；M_0 为反应前固体物料中所含目标金属的总质量。

2.3.2.2 过渡金属还原率计算

电极材料中过渡金属的还原率以式（2-2）计算，各金属元素中不同价态的占比分析由电极材料的 XPS 窄扫结构定量分析获得，具体计算如下：

$$R_d = \left(1 - \frac{m_1 \cdot w_1}{m_0 \cdot w_0}\right) \times 100\% \tag{2-2}$$

式中，R_d 为某过渡金属的还原率，%；m_0 为焙烧前原物料的质量，g；w_0 为原料中该过渡金属的质量分数，%；m_1 为还原焙烧后物料的质量，g；w_1 为还原焙烧后，未发生价态变化的过渡金属的质量分数，%。

2.4 退役锂电材料性质分析

2.4.1 正极材料的化学组成

由表 2-2 可知，本书所采用的退役锂离子电池不同组分的含量与典型锂离子电池成分相近。利用王水（HCl 与 HNO$_3$ 体积比为 3：1）将 2.1 节所述破碎得到的正极材料进行溶解，残渣（导电剂炭黑）经过滤后得到正极活性材料的浸出液，借助 ICP-MS 对三元材料的主要金属元素 Li、Co、Ni 和 Mn 元素，以及杂质金属 Al 和 Cu 含量进行测定。同时，采用 XRF 对正极材料的总元素含量进行测定，结果见表 2-3。

表 2-3　正极材料原样表面和体相元素含量（原子百分数）　（%）

元素	Li	Co	Ni	Mn	Al	Cu	F	C	P
ICP-MS	6.81	12.25	28.72	16.69	0.06	0.02	—	—	—
XRF	—	11.48	28.18	14.57	0.14	0.27	6.72	33.9	2.35

由表 2-3 可知，正极材料中 Ni、Co 和 Mn 的摩尔比 $n(Ni)：n(Co)：n(Mn)=0.5：0.21：0.31$，Li 元素与上述 3 种过渡金属的摩尔比 $n(Li)：n(Ni+Co+Mn)=0.98$。由此可推算电极材料的分子式为 LiNi$_{0.5}$Co$_{0.2}$Mn$_{0.3}$O$_2$。与此同时，Li 与过渡金属的摩尔比小于 1，这是由于锂离子电池在充放电过程中，锂离子从正极脱嵌并进入负极石墨晶格，造成其含量比理论值偏低[17]。同时，从 XRF 的测试结果可以看出，电极材料有 6.72% 的 F 元素和 2.35% 的 P 元素，这是由电极材料中残留的部分 PVDF 和 LiPF$_6$ 带来的。Li、Co 和 Ni 的含量与 ICP 测试结果相近，而 XRF 结果中碳的存在一方面由于正极材料中含导电炭黑，此外原子序数在碳元素之前的元素均以碳的形式标记。

2.4.2 物相分析

将手工拆解并经破碎处理得到的电极材料进行 XRD 分析，图 2-3 分别为正、负极材料的 XRD 图谱。通过对图 2-3（a）衍射峰的分析可知，图谱中可检索到主特征峰（003）峰和（104）峰，此峰用于表征三元镍钴锰酸锂电极材料阳离子混排程度；此外由图谱中（006）/（102）和（108）/（110）两组峰的劈裂形态可知，正极材料具有结构完整且有序的层状结构。结合 2.4.1 节 ICP-MS 对锂、钴、镍和锰元素含量的测定，以及 XRD 三组特征峰的匹配结果，验证本节所采用的正极材料为 LiNi$_{0.5}$Co$_{0.2}$Mn$_{0.3}$O$_2$ 三元材料。图 2-3（b）为负极材料的 XRD 图谱，分析可知负极材料为石墨。同时，正、负极电极材料的 XRD 图谱并未检索到其他物相，证明本节手工拆解处理得到的电极材料纯度较高，未检测到铜箔和铝箔的杂质物相。

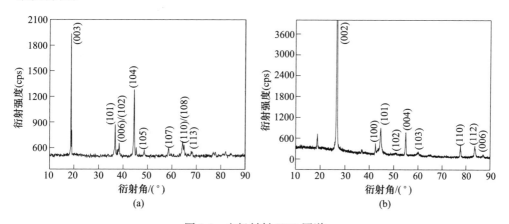

图 2-3　电极材料 XRD 图谱

（a）正极材料：$LiNi_{0.5}Co_{0.2}Mn_{0.3}O_2$；（b）负极材料：石墨

2.4.3　表面分析

以 2.4.2 节破碎所得的正极材料为对象，借助 XPS 对物料中 Ni、Co 和 Mn 元素的价态及有机质赋存状态进行分析。图 2-4 为正极材料表面元素的全范围扫描图谱，由图可见材料表面的主要元素为 C、O、F、Ni、Mn、Co 和 Li，其中金属元素主要来源于正极材料 $LiNi_{0.5}Co_{0.2}Mn_{0.3}O_2$，F 元素来源于 PVDF 及少量残留的电解液 $LiPF_6$，C、O 元素来源于残留电解液、导电炭黑，部分 O 元素来源于电极材料 $LiNi_{0.5}Co_{0.2}Mn_{0.3}O_2$。对于 XPS 测得的各元素含量与 XRF 结果具有一定差异，正极材料表面的 C 和 F 元素含量分别达到 25.37% 和 24.52%，而 Ni、Co 和 Mn 的含量仅为 4%~6%，这说明了颗粒表面被有机质罩盖造成 XPS 测试结果偏低。为了进一步探究正极材料表面金属元素的化学价态，以及有机质的赋存状态，对 Ni、Co、Mn、C 和 F 元素进行了元素的窄扫，结果如图 2-4 所示。

图 2-5 为正极材料中各过渡金属和碳元素的 XPS 窄扫分析，对各金属化学态、峰位及相对含量分析见表 2-4。图 2-5（a）为正极材料表面 Mn 元素窄扫图谱，在 641.6eV 和 653.5eV 处的特征峰为 Mn^{4+} 的特征峰。如图 2-5（b）所示，780 eV 和 795.2eV 结合能处为 Co 2p 的特征峰，其对应于 Co 元素的 +3 价化学态。图 2-5（c）为 Ni 元素的 XPS 窄扫图谱，其中 854.6eV 处为 Ni $2p_{3/2}$ 而 860.9eV 为 Ni $2p_{1/2}$ 的特征峰，Ni 元素的价态为 +2 价。图 2-5（d）为 C 元素的 XPS 窄扫图谱，284.29eV 处为正极材料中导电

炭黑的峰位，其相对含量为 42.17%；在 285.4eV 和 288.06eV 处分别为含氧官能团 C—COOR 和 C =O，其相对含量分别为 15.89% 和 16.69%，这是由电极材料中酯类电解液带来的；286.06eV 和 290.55eV 处的峰来源于官能团—(CF$_2$CH$_2$)-n 和—(CF$_2$CH$_2$)-n，两者则是由有机黏结剂 PVDF 带来的。由以上分析结果可知，电极材料表面存在一定量的黏结剂 PVDF 和残留电解液，这对后续电极材料的浸出提纯是不利的。

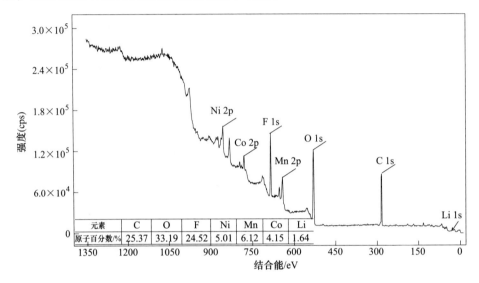

图 2-4　退役锂离子电池正极材料表面 XPS 图谱

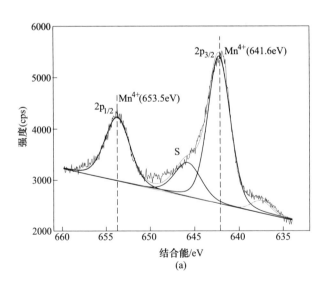

(a)

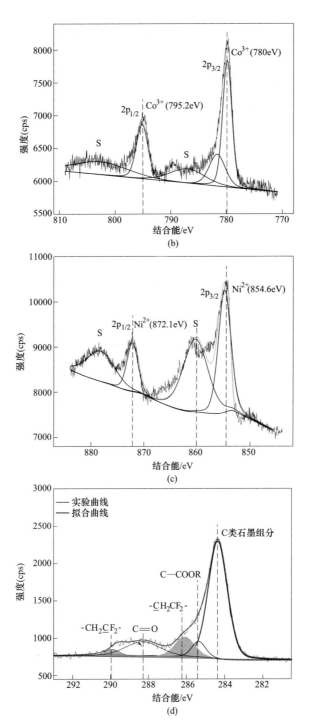

图 2-5 退役正极材料表面元素的 XPS 窄扫图谱

(a) Mn 元素；(b) Co 元素；(c) Ni 元素；(d) C 元素

表 2-4　正极材料表面元素化学态分析

碳元素			金属元素		
结合能/eV	基团	含量/%	结合能/eV	基团	含量/%
284.29	Carbon black	42.17	641.6	Mn 2p$_{3/2}$ (+4)	51.36
285.40	C-COOR	15.89	653.5	Mn 2p$_{1/2}$ (+4)	23.48
286.05	—(CF$_2$CH$_2$)-n	16.72	780	Co 2p$_{3/2}$ (+3)	31.64
288.06	C=O	16.69	795.2	Co 2p$_{1/2}$ (+3)	18.83
290.55	—(CF$_2$CH$_2$)-n	8.53	854.6	Ni 2p$_{3/2}$ (+2)	23.57
			872.1	Ni 2p$_{3/2}$ (+2)	16.92

2.4.4　微观形貌分析

对不同条件下处理所得的电极片或电极材料进行 SEM 测试, 以分析其表面形貌和元素赋存状态, 结果如图 2-6 所示。图 2-6 (a) 为正极片截面和端面的 SEM 图像, 未经处理的电极材料致密地黏附在电极片两侧, 从插图中可见电极材料与黏结剂间结合紧密。而经破碎处理后, 正极材料颗粒与电极片发生一定程度的解离, 从图 2-6 (c) 中, 可以清晰地观察到具有一定的分散程度的 LiNi$_{0.5}$Co$_{0.2}$Mn$_{0.3}$O$_2$ 三元材料的球状形貌, 而在颗粒间存在大量的黏结剂黏附现象; 且由正极材料的面能谱可见 Ni、Co、Mn 元素在球状电极材料表面均有分布, 而在颗粒边缘及结合处存在 F 元素, 这是由有机黏结剂带来的。图 2-6 (b) 为负极材料的 SEM 图, 可见由于黏结剂的作用, 负极石墨颗粒团聚程度较高; 且从 2-6 (e) 可见其表面主体为 C 元素, 同时在颗粒结合处可见 F 元素, 这是由负极材料中掺入的黏结剂 SBR 带来的, 而 SBR 为水溶性物质, 可通过水洗脱除。对正极材料进行了 EDS 分析, 由图 2-6 (d) 结果可知, 除 Ni、Co 和 Mn 元素外, 材料表面有一定量的 C 元素和 F 元素, 源于电极材料表面的 PVDF 或 LiPF$_6$。此分析结果与 XPS 的元素赋存状态结果相一致, 黏结剂的表面包覆为后续湿法冶金过程带来了技术难题。通过合适的方法脱除电极材料中的有机黏结剂, 提高颗粒间解离程度, 是本节将介绍的一个重要内容。

2.4.5　正、负极电极材料的粒度分布

对正、负极材料的粒度分布进行了激光粒度, 粒度-累积产率的分析结果如图 2-7 所示。由结果可以得出, 正极材料 $d(0.10) = 4.236\mu m$, $d(0.50) = 10.893\mu m$, $d(0.97) = 25.533\mu m$, 正极材料在 $-15\mu m$ 粒级部分约占 75%, 且分布较为均匀, 而 $+20\mu m$ 粒级部分仅占不足 10%; 负极材料 $d(0.10) = 7.117\mu m$, $d(0.50) = 18.963\mu m$, $d(0.97) = 45.815\mu m$, 其中 $-25\mu m$ 粒级产率 43.68%, 而

图 2-6 退役锂离子电池电极材料的 SEM-EDS 图

（a）正极片；（b）负极材料；（c）正极材料；（d）正极材料能谱；
（e）负极材料面能谱；（f）正极材料面能谱

正极材料−25μm 粒级产率 96.76%。通过激光粒度分析的结果与 2.4.4 节 SEM 形貌分析结果一致，粒度分析数据为后续正极材料的再生研究提供基础。

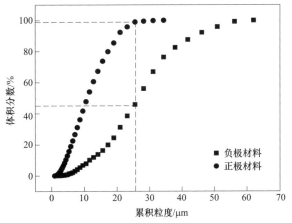

图 2-7 退役锂离子电池电极材料的粒度分布

2.4.6 热失重行为

为了研究三元 $LiNi_{0.5}Co_{0.2}Mn_{0.3}O_2$ 材料发生还原反应的关键温度点及石墨添

加量对电极材料的还原影响，将不同石墨添加量下电极材料进行了热重分析。研究了纯正极材料及掺入 8% 和 16% 的石墨的电极材料的在 N_2 气氛中的热失重行为，实验过程中气体流速 20mL/min，升温速率 10℃/min，热重分析结果如图 2-8 和图 2-9 所示。由图 2-8 可知，对于纯正极材料在升温过程中失重率仅为 2.68%。而掺入 8% 和 16% 石墨的电极材料的失重率则超过 20%，且整个失重过程可以分为三个阶段。根据图 2-9 各物料的 DTG 热重曲线，在 120℃ 前电极材料发生了失重行为，而此失重并不显著，3 个样品的失重率均不足 1%。在 400~600℃ 区间出现一个明显的失重峰，这个失重峰通常是由电极材料中残留有机黏结剂分解产生的[80]。温度达到 700℃ 以后对于掺入石墨的电极材料出现一个失重峰，电极材料的失重率达到了约 10%。由热力学分析已知，当温度达到 755℃ 时，正极材料与石墨的碳热还原反应开始发生，理论上 $LiNi_{0.5}Co_{0.2}Mn_{0.3}O_2$ 分解成不同的金属氧化物。此外，随着温度升高至 850℃ 以上，混合电极材料的失重现象更加显著，而纯正极材料此时失重并不明显，说明负极石墨的加入对电极材料在 N_2 环境焙烧的碳热还原是极为重要的，且 8% 和 16% 石墨含量物料在温度 850℃ 以上失重率无明显差别。通过以上分析得到了电极材料还原焙烧的三个关键温度范围，用于后续焙烧实验的设计。

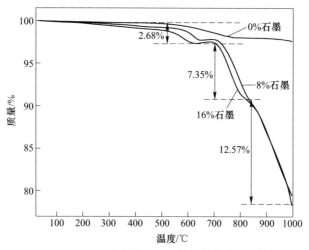

图 2-8　不同石墨含量下正极材料的热重 TG 曲线

基于以上热重分析结果，对不同石墨掺入量下正极材料的升温行为进行分析，结果如图 2-10 所示。以单一正极材料和不同掺比的负极材料为对象，保持微波功率 1200W，研究了物料的升温行为。以纯正极材料为对象，物料升温至平衡需经过 400s，终温达到了 915℃。由此可见，正极材料在微波场中的热效应是由其中混入的乙炔黑造成的，而由于含量低、热效应差，升温速度缓慢；当掺入负极材料含量为 8% 时，经 140s 物料温度升高至平衡温度。当石墨含量增大至

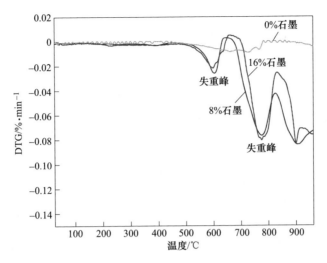

图 2-9　不同石墨含量下正极材料的热重 DTG 曲线

16%时，物料经 130s 加热后温度达到平衡。石墨的升温行为主要由微波功率和物质的质量决定，结合图 2-10 的分析可知随着石墨掺入量的增大，物料的升温速率不断增大。石墨在混合物料中的含量不仅影响物料的升温速率，同时石墨的急剧升温会使其还原能力增强。

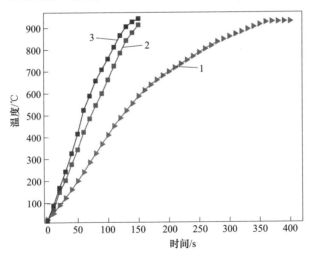

图 2-10　石墨含量对物料升温速率的影响
1—0%负极材料；2—8%负极材料；3—16%负极材料

2.4.7　退役锂电材料在微波场中的升温行为

单位体积物料吸收的能量随微波功率的升高而增大，与此同时，升温速率的高低对系统化学反应的进行具有重要的影响，本节以还原焙烧和浸出反应的物料体系为参考，考察了实际物料在微波场中的升温行为。首先，为了模拟实际浸出反应体系，以 0.5mol/L 葡萄糖酸溶液为对象，研究了不同微波功率下的升温速率，结果如图 2-11 所示。由结果可知，当微波功率为 80W 时，溶液的升温过程较为缓慢，经 500s 的升温时间溶液温度达到 100℃。功率升至 240W 时，升温速率得到了显著提升，在 340s 时溶液温度达到 100℃。随着微波功率的提高，升温速率不断增大，在 800W 下溶液升高到 100℃仅需 90s 时间。以负极材料石墨为对象，研究了不同功率下物料的升温速率，结果如图 2-12 所示。在 150W 功率

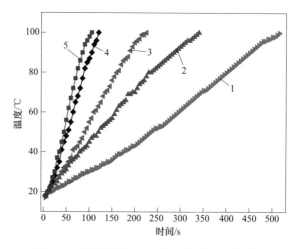

图 2-11　不同微波功率下溶液的升温速率曲线
1—80W；2—240W；3—400W；4—640W；5—800W

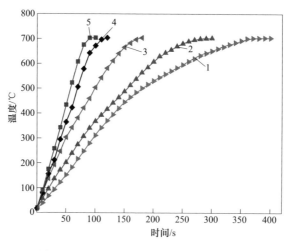

图 2-12　不同微波功率下石墨的升温曲线
1—150W；2—450W；3—750W；4—1200W；5—1500W

下，经过395s物料温度升高至704℃。当功率增大至750W时，物料经170s加热后达到704℃。与溶液升温过程类似，微波功率越大，石墨的升温越快。

从图2-12的实验结果也可以看出，石墨是一种很好的微波吸收物质，能够在1500W微波下100s内达到700℃。由于石墨的快速升温行为使其还原能力明显提高，加速还原焙烧的进行。同时，对于吸波能力较差的物质，碳也能强化其转化微波能为热量的能力。石墨作为一种良好的微波吸收材料，可以为金属氧化物的还原提供热量和碳来源，从而得到金属或化合物的热还原产物。

3 电极材料解离及过渡金属还原焙烧特性

正、负极电极材料的碳热还原反应在热力学上是可行的，微波对反应的强化一方面体现在为系统提供所需热量；与此同时，由于微波为物料体相输入能量使分子极化程度提高，分子振动加快，增大分子碰撞概率，以此促进还原反应的进行。而碳热还原反应的发生需要达到一定温度及工艺条件，因此阐明还原焙烧条件对过渡金属还原效果的影响极为重要。此外，对还原焙烧过程中正极材料的结构性质和物相变化的研究，对揭示反应机理、提高还原焙烧效率及优化后续的化学提纯工艺也是至关重要的。本章从实验的角度通过优化微波热效应对电极材料进行还原焙烧研究，一方面通过焙烧脱除有机黏结剂，提高电极材料的解离效率。同时，在高温下正极材料与负极石墨发生碳热还原反应，将$LiNi_{0.5}Co_{0.2}Mn_{0.3}O_2$中高价过渡金属元素还原成金属氧化物或单质，以便提高后续电极材料的浸出效率。

本章系统介绍了微波辅助电极材料还原焙烧行为，对不同工艺参数下电极材料中$LiNi_{0.5}Co_{0.2}Mn_{0.3}O_2$中金属的还原率与反应机理进行了探索，重点考察微波功率、恒温温度、恒温时间、负极石墨材料质量比对电极材料还原效果的影响，并定量分析了正极材料中过渡金属元素的还原率。其次，借助EPMA、SEM-EDS和XPS等现代分析设备手段，对还原焙烧反应前后电极材料的物相性质进行分析，以物料微观性质分析结果揭示微波碳热还原过程机理。综合实验和机理研究结果，揭示微波辅助还原焙烧过程中有机质演化机制及金属还原行为，并通过工艺参数优化电极材料还原焙烧行为。

3.1 实 验 设 备

电极材料还原焙烧实验在如图3-1所示的FCG-15型微波管式炉中完成，其频率为2.45GHz，最大微波工作功率为1500W。取5g混合后的正、负极电极材料研磨均匀，放置于石英坩埚中，加盖后用坩埚钳置于长度100cm、直径6cm的石英管中，石英管两端由法兰密封，样品在加热中不被空气侵蚀。设定微波功率、保温时间、温度后，关闭炉门通电升温，实验过程中氮气以$60cm^3/min$流量连续通入，当炉膛温度达到预设值后开始保温并计时。反应结束后关闭升温程序，样品在空气中冷却至室温后从坩埚中取出，设备的极限温度为1200℃。碳热还原反应后电极材料在高温下产生结渣，将块状结渣样品研磨成细粉末用于后续浸出反应工艺。

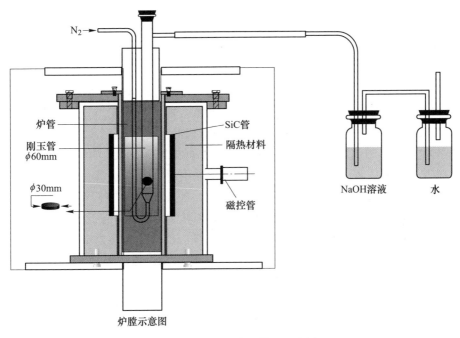

图 3-1　还原焙烧实验装置示意图

3.2　微波热效应原理

本书采用微波辅助加热代替传统加热方式对电极材料进行冶炼回收，在进行具体的物料还原焙烧实验前，对加热介质的选择和物料升温过程的研究是极为重要的。通常，对于不同介电性质的材料，其对微波的能量转化效率是不同的[144,171]。电介质在单位时间内材料所吸收的微波能，可由能量传递方程（3-1）表述为

$$Q_v = 2\pi f \varepsilon_0 \varepsilon_e'' \left| E \right|^2 V \tag{3-1}$$

式中，E 为腔体中的电场强度；ε_e'' 为介质的有效损耗因子；ε_0 为真空介电常数；f 为微波频率；V 为物料体积。

设物质质量为 M，比热为 C_v，可见，材料的介电性质（ε_e''、ε_0）在很大程度上反映了其对微波的吸收能力。物质向容器壁的传热方程可表示为

$$Q_t = K_1 A_1 (T_c - T_0) \tag{3-2}$$

式中，K_1 为传热系数；T_c 为物质温度；A_1 为物质与容器壁的接触面积；T_0 为容器壁的温度。任意时刻物质吸收的净能量为

$$Q = Q_v - Q_t = 2\pi f \varepsilon_0 \varepsilon_e'' |E|^2 V - K_1 A_1 \Delta T \qquad (3\text{-}3)$$

将式（3-3）两边同时乘以 Δt，即为物料在一定时间内所吸收的热量，将式（3-3）改写为

$$(2\pi f \varepsilon_0 \varepsilon_e'' |E|^2 V - K_1 A_1 \Delta T) \Delta t = M C_v \Delta T \qquad (3\text{-}4)$$

即物料升温速率可表达为

$$\Delta T / \Delta t = 2\pi f \varepsilon_0 \varepsilon_e'' |E|^2 V / (M C_v + K_1 A_1) \qquad (3\text{-}5)$$

由式（3-5）可知，物料的介电常数和微波功率是影响升温速率的主要因素，当物料种类确定时，物质的物性参数则为常数。因此，对于特定的碳热还原体系，微波功率和物质的质量是决定物料升温行为的主要因素[144]。

对电极材料的还原焙烧机理进行分析，并提出图 3-2 所示的机理示意图。首先，在微波加热过程中，物料中分子在交变电场中发生旋转，同时将部分电磁能转化成材料的内能。石墨由于其良好的导电性质，在微波辐照作用下，表现出极佳的热效应。与传统加热方式的热传导有所不同，以微波为加热源时石墨的加热以"体加热"的形式受热，颗粒的各部分受热均匀，微波能转化为还原焙烧所需的热量。由于体加热形式，在物料内部石墨被加热，造成活化位置增多，提高石墨的还原性。此外，由于微波加热的均匀性特征，热量从颗粒内部和不同位置同时加热，这避免了由于温度梯度引起的"冷中心"现象，促进了反应的持续进行。另一方面，本节中的实验对象为正、负极电极材料的混合物质，产生了选择性加热行为。由于微波对物料加热具有选择性，造成电极材料不同组分间的受热不均、产生局部热应力，促使颗粒在边界层位置产生裂纹。裂纹和孔隙的产生不仅有利于物料内部的热量传递，同时对后续电极材料的湿法浸出工艺具有积极作用。

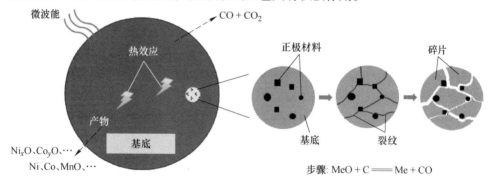

图 3-2　电极材料还原焙烧机理示意图

3.3　电极材料碳热还原热力学分析

热力学数据是研究物质的基本性质和化学反应的重要依据，通常，利用热力学中化学反应标准吉布斯（Gibbs）来判定化学反应的自发性和理论上可进行的

程度。当前，关于 $LiNi_{0.5}Co_{0.2}Mn_{0.3}O_2$ 三元电极材料的基础热力学数据研究报道较少，这使得电极材料冶金化学反应研究缺乏理论依据。为了能很好地研究氧化物的热力学性质，大量学者进行了相关研究，并采用 Neumann-Kopp 法（NKR）、组贡献法及图解法对复合材料的热力学数据进行估算。对于三元混合氧化物的热力学数据，组贡献法[172]可以有效地预测其在298K生成焓和生成吉布斯自由能。由热力学规律的吉布斯-赫姆霍兹（Helmholtz）公式：

$$\Delta_r G_m^\ominus = \Delta_r H_m^\ominus - T \cdot \Delta_r S_m^\ominus \tag{3-6}$$

式中，$\Delta_r G_m^\ominus$ 为标准温度条件（298.15K）下化学反应的吉布斯自由能变，kJ/mol；$\Delta_r H_m^\ominus$ 为标准温度条件下化学反应的焓变，kJ/mol；$\Delta_r S_m^\ominus$ 为标准温度条件下化学反应的熵变，J/（mol·K）；T 为该条件下的反应温度，K。

根据吉布斯-赫姆霍兹公式可知，在一定温度下，特定化学反应吉布斯函数变为

$$\Delta G(T) = \sum_p \nu_p \Delta_f H^\ominus (P,T) - T \sum_p \nu_p \Delta_f S^\ominus (P,T) \tag{3-7}$$

式中，P 代表反应物或生成物；ν_p 为物质的化学反应计量数；$\Delta_f H^\ominus(P,T)$、$\Delta_f S^\ominus(P,T)$ 和 $\Delta G(T)$ 为特定温度和压力条件下，反应的焓变、熵变和吉布斯函数变，kJ/mol，对于本实验，有

$$\Delta_r G_T(LiNi_{0.5}Co_{0.2}Mn_{0.3}O_2) = \Delta_r H_{298}^\ominus - T \cdot \Delta_r S_{298}^\ominus$$
$$= \Delta_f H_{298}^\ominus(LiNi_{0.5}Co_{0.2}Mn_{0.3}O_2) - T \cdot \Delta_r S_{298}^\ominus \tag{3-8}$$

对于给定的反应，通过式（3-8）计算，对反应吉布斯函数变进行求解，所得结果 ΔG 是判断给定反应是否发生的最关键参数，用于判定反应是否可以发生。若 $\Delta G < 0$，表示正向反应自发进行；若 $\Delta G = 0$，表示系统已处于平衡状态；若 $\Delta G > 0$，表示对于给定反应式，反应不能向右自发进行。

3.3.1 $LiNi_{0.5}Co_{0.2}Mn_{0.3}O_2$ 材料的基础热力学数据求解

3.3节所述组贡献法，通过对三元金属氧化物的组分进行合理假设，并根据 Latimer 计算热力学理论对 $LiNi_{0.5}Co_{0.2}Mn_{0.3}O_2$ 的基础热力学进行计算，热力学数据由热力学手册[173]查询得到，本书所研究的物质热力学数据见表3-1。由组贡献法理论可知，对于固体复合氧化物 MYO_{n+1}，可认为其是由两种氧化物组成，其标准熵划分为氧化物 MO 和 YO_{n+1} 的标准熵值之和，即 $S_{298,MYO_{n+1}}^\ominus = S_{298,MO}^\ominus + S_{298,YO_n}^\ominus$。对于三元材料 $LiNi_{0.5}Co_{0.2}Mn_{0.3}O_2$，其标准熵可由 $S_{298}^\ominus = 0.5S_{298}^\ominus(Li_2O) + 0.35S_{298}^\ominus(Co_3O_4) + 0.5S_{298}^\ominus(NiO) + 0.15S_{298}^\ominus(Mn_2O_3) - 0.85S_{298}^\ominus(CoO) = 49.65$ J/（mol·K）计算。进一步地，计算298K下三元材料的反应熵，根据热力学循环设计式（3-9）

$$Li + 0.2Co + 0.5Ni + 0.3Mn + O_2 = LiNi_{0.5}Co_{0.2}Mn_{0.3}O_2 \tag{3-9}$$

可计算298K下 $LiNi_{0.5}Co_{0.2}Mn_{0.3}O_2$ 的生成焓变

$$\Delta_r S^{\ominus}_{298} = S^{\ominus}_{298}(\text{LiNi}_{0.5}\text{Co}_{0.2}\text{Mn}_{0.3}\text{O}_2) - S^{\ominus}_{298}(\text{Li}) - 0.2S^{\ominus}_{298}(\text{Co}) -$$
$$0.5S^{\ominus}_{298}(\text{Ni}) - 0.3S^{\ominus}_{298}(\text{Mn}) - S^{\ominus}_{298}(\text{O}_2)$$
$$= 49.65 - 249.5475 = -199.898\text{J}/(\text{mol}\cdot\text{K})$$

此外，298K 下单质物质的标准摩尔生成自由能、生成焓为 0，则反应式（3-9）的吉布斯自由能变等于 $\text{LiNi}_{0.5}\text{Co}_{0.2}\text{Mn}_{0.3}\text{O}_2$ 的标准摩尔生成能，即 $\Delta_f G^{\ominus}_{298} = \Delta_r G^{\ominus}_{298} = -681.43\text{kJ}/\text{mol}$，$\Delta_f H^{\ominus}_{298} = \Delta_r H^{\ominus}_{298} = \Delta_r G^{\ominus}_m + T\cdot\Delta_r S^{\ominus}_m = -741.9\text{kJ}/\text{mol}$。由此，通过以上计算得到了三元电极材料 $\text{LiNi}_{0.5}\text{Co}_{0.2}\text{Mn}_{0.3}\text{O}_2$ 的基础热力学数据，此数据用于 3.3.2 节碳热还原反应的热力学研究。

表 3-1 各物质的热力学常数

物质	$S^{\ominus}_{298}/\text{J}\cdot\text{mol}^{-1}\cdot\text{K}^{-1}$	$\Delta_f G^{\ominus}_{298}/\text{kJ}\cdot\text{mol}^{-1}$	$\Delta_f H^{\ominus}_{298}/\text{kJ}\cdot\text{mol}^{-1}$
Li	29.08	0	0
Ni	29.87	0	0
Co	30.04	0	0
Mn	32.01	0	0
Li_2O	37.89	−562.104	−142.897
NiO	37.911	−211.539	−239.701
CoO	52.97	−253.74	−237.94
Co_3O_4	27.32	−794.187	−217.5
MnO	59.71	−362.898	−385.22
Mn_2O_3	110.50	−959.01	−991.95
CO_2	213.77	−394.36	−385.22
$\text{LiNi}_{0.5}\text{Co}_{0.2}\text{Mn}_{0.3}\text{O}_2$	49.65	−681.43	−741.9

3.3.2 电极材料碳热还原热力学分析

根据第 3 章正极材料的价态分析已知，$\text{LiNi}_{0.5}\text{Co}_{0.2}\text{Mn}_{0.3}\text{O}_2$ 中 Ni、Co 和 Mn 的价态分别为 +2 价、+3 价和 +4 价。据文献报道[51]，LiCoO_2 材料在 850℃ 以下无氧焙烧物相并未发生改变，而当温度达到 900℃ 时，材料发生分解生成 Li_2O、Co_3O_4 和 O_2。由于 2 价 Co 的性质比 3 价更稳定，因此 Co_3O_4 会继续发生分解生成 CoO，发生式（3-10）所示的反应。类似于 LiCoO_2 材料的高温相变反应，$\text{LiNi}_{0.5}\text{Co}_{0.2}\text{Mn}_{0.3}\text{O}_2$ 在高温下可能发生式（3-11）的分解反应。而在石墨存在下，$\text{LiNi}_{0.5}\text{Co}_{0.2}\text{Mn}_{0.3}\text{O}_2$ 的无氧焙烧可能发生的反应见式（3-12）。根据 3.3.1 节所求得的基础热力学数据，可求得 $\text{LiNi}_{0.5}\text{Co}_{0.2}\text{Mn}_{0.3}\text{O}_2$ 与石墨在无氧焙烧条件下吉布

斯函数变与温度的关系。当 $\Delta G = 0$ 时，温度为 755℃，表明当温度达到 755℃ 时 $LiNi_{0.5}Co_{0.2}Mn_{0.3}O_2$ 与石墨的碳热还原反应才会发生。

$$4LiCoO_2 = 2Li_2O + 4CoO + O_2(g) \tag{3-10}$$

$$10LiNi_{0.5}Co_{0.2}Mn_{0.3}O_2 = 5Li_2O + 5NiO + 2CoO + 3MnO_2 + O_2 \tag{3-11}$$

$$15LiNi_{0.5}Co_{0.2}Mn_{0.3}O_2 + 3.25C = 7.5Li_2O + 7.5NiO + Co_3O_4 + 4.5MnO + 3.25CO_2 \tag{3-12}$$

$$\Delta G(T) = 509.395 - 0.495T \tag{3-13}$$

对于正极材料碳热还原所生成的初步产物，可进一步发生还原，其中 Co_3O_4 被还原成低价氧化物 CoO，且 NiO 和 MnO_2 可能被还原成 Ni 和 Mn 的单质或低价金属氧化物，所产生的 Li_2O 会被进一步固化，生成 Li_2CO_3，可能发生的反应见式（3-14）~式（3-20），且推导出电极材料还原焙烧总反应，见式（3-21）。对各反应的 $\Delta G\text{-}T$ 关系绘制了热力学曲线，如图 3-3 所示。

$$2Co_3O_4 + C = 6CoO + CO_2 \tag{3-14}$$

$$CoO + C = Co + CO \tag{3-15}$$

$$NiO + C = Ni + CO \tag{3-16}$$

$$CO_2 + C = 2CO \tag{3-17}$$

$$Li_2O + CO_2 = Li_2CO_3 \tag{3-18}$$

$$2Mn_2O_3 + C = 4MnO + CO_2 \tag{3-19}$$

$$CoO + CO = Co + CO_2 \tag{3-20}$$

$$5LiNi_{0.5}Co_{0.2}Mn_{0.3}O_2 + 2.5C = 2.5Li_2CO_3 + 2.5NiO + Co + 1.5Mn \tag{3-21}$$

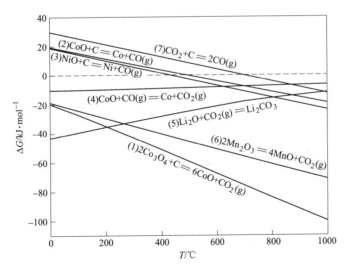

图 3-3 各反应的 $\Delta G\text{-}T$ 关系图

　　由图 3-3 可知，反应式（3-14）和式（3-19）在整个温度区间内可以自发进行，说明 Mn_2O_3 和 Co_3O_4 理论上可以与石墨直接发生碳热还原反应，生成低价金属氧化物 MnO 和 CoO。而对于反应式（3-15）和式（3-16），在 500℃ 前的 $\Delta G > 0$，表明理论上在 500℃ 以下反应不能发生。而对于反应式（3-17），随着温度升高，ΔG 不断增大，说明反应的难度随温度升高不断增大。由以上分析对 $LiNi_{0.5}Co_{0.2}Mn_{0.3}O_2$ 的碳热还原反应理论可行性、反应温度及反应产物进行了初步判定。正极材料与石墨的还原焙烧反应在 755℃ 下理论上可以发生，且达到此温度后金属氧化物可继续与 CO 或 C 反应，还原成单质。

3.4　电极材料还原焙烧过程的解离行为

3.4.1　有机黏结剂脱除特性

　　为了研究电极材料还原焙烧后的元素含量分布及有机质的赋存状态，借助 XPS 对电极材料进行宽扫，以 8% 石墨混合物料，在温度 800℃、恒温时间 20min 下电极材料还原焙烧产物的碳元素进行窄扫，对各含碳官能团进行定量分析，所得宽扫图谱结果如图 3-4 所示，碳元素的赋存状态、峰位及相对含量如图 3-5 和表 3-2 所示。由图 3-4 可知，还原焙烧产物表面的主要元素为 C、O、Ni、Mn、Co 和 Li，F 元素的消失证明电极材料中 $LiPF_6$ 和有机黏结剂可能被脱除。C 元素的含量由 25.38% 升高至 55.01%，O 元素的含量由 33.19% 降低至 28.66%。金属元素的含量并未发生较大变化。图 3-5 为 C 元素的 XPS 窄扫图谱，将还原产物与

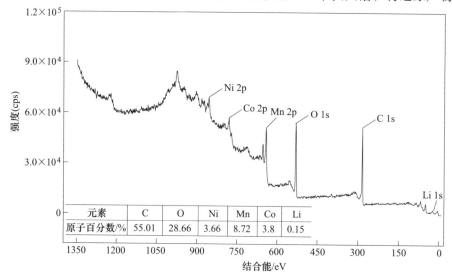

元素	C	O	Ni	Mn	Co	Li
原子百分数/%	55.01	28.66	3.66	8.72	3.8	0.15

图 3-4　退役锂离子电池电极材料还原焙烧产物的表面 XPS 图谱

原样的对比可知，正极材料 284.22eV 处导电炭黑的相对含量由 42.17% 降低至 8.22%。有机黏结剂 PVDF 的官能团—(CF_2CH_2)-n 和—$(\underline{C}F_2CH_2)$-n 在焙烧产物中已消失，说明了经还原焙烧后电极材料中的 PVDF 已被脱除。此外，在还原产物的图谱中出现 CO_3^{2-} 的特征峰及 C—O 的峰，结合能为 290.56eV 和 286.05eV，这是由材料中 Li_2CO_3 带来的。由 2.4.6 节热失重分析得知，电极材料在 500~650℃ 处有明显的失重行为，由本小节的有机质的 XPS 表征可知，在还原过程中有机黏结剂 PVDF 发生分解，其分解过程发生式的反应见式（3-22）。

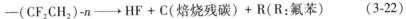

$$—(CF_2CH_2)\text{-}n \longrightarrow HF + C(焙烧残碳) + R(R:氟苯) \tag{3-22}$$

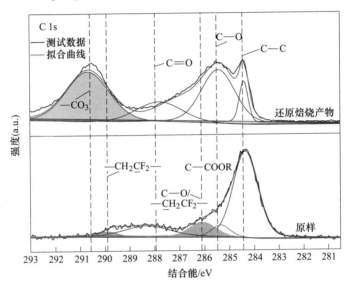

图 3-5 正极材料还原焙烧前后 C 元素的窄扫图谱

表 3-2 正极材料还原焙烧前后表面 C 元素赋存状态分析

结合能/eV	基团	处理前（原子百分数）/%	处理后（原子百分数）/%
284.29	Carbon black	42.17	8.22
285.40	C—COOR	15.89	—
286.05	—(CF_2CH_2)-n	16.72	—
288.06	C=O	16.69	19.68
290.55	—$(\underline{C}F_2CH_2)$-n	8.53	—
290.64	CO_3^{2-}	—	39.61
285.32	C—O	—	32.49

3.4.2 电极材料组分耗散行为

电极材料还原焙烧过程中，对有机质的热解和 $LiNi_{0.5}Co_{0.2}Mn_{0.3}O_2$ 三元材料的反应过程，以及所发生的化学反应的研究对剖析还原焙烧机理是极为重要的。为确定电极材料中有机质种类及无氧焙烧过程中物相的耗散机制，将 8% 负极材料与正极材料混合，借助 GC-MS 对焙烧过程中的关键温度下的气相产物进行定性分析。基于热重和原位 XRD 分析结果，对物料发生质量损失的关键温度区间进行研究，针对实验过程主要失重温度 120℃、550℃ 和 800℃ 三个关键温度点的气相产物进行 GC-MS 分析。GC-MS 测试条件为：氦气（99.99%）作为载气，升温区间为常温至 800℃，升温速率 5℃/min，每次升温至预设温度保留一定时间，抽取热解产物进行 GC-MS 分析。测试条件为：气体流量 1mL/min，分离比 5∶1，气体管路和进样口温度为 280℃。气相色谱升温程序为：升温速率 5℃/min，各目标温度保温时间 2min。质谱测试条件：EI 离子源 70eV，离子源温度 280℃。电极材料在 120℃ 下热解产物的离子色谱如图 3-6 所示，对不同保留时间下各色谱峰的质谱解析如图 3-7 所示。

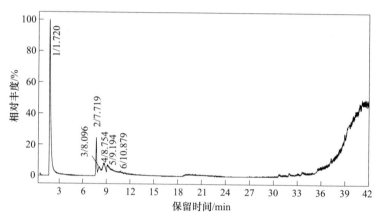

图 3-6   电极材料 120℃ 下热裂解产物总离子色谱

图 3-7 为不同保留时间质谱峰的分析，通过检索 NIST 11 质谱库中的标准数据可知，120℃ 下电极材料的气相热解产物主要为 POF_3 及酯类化合物。其中，POF_3 是由电解液中六氟磷酸锂（$LiPF_6$）分解后产生五氟化磷（PF_5），然后与空气中水发生反应生成的，具体反应见式（3-23）和式（3-24）；EC、DMC、VC、DEC 和乳酸甲酯则为电解液的主要成分。通过电极材料 GC-MS 谱图的分析可知，在 120℃ 无氧焙烧条件下并未检测到电解质以外的物质，说明此温度下焙烧电极材料仅 $LiPF_6$ 电解质发生分解，而 EC、DMC 等酯类电解液仅受热后从电极材料中脱除，并未发生化学变化；同时，电极材料的主体物质 $LiNi_{0.5}Co_{0.2}Mn_{0.3}O_2$ 和石墨并未发生热分解而产生气相裂解产物。

$$LiPF_6 \longrightarrow LiF + PF_5 \tag{3-23}$$

$$PF_5 + H_2O \longrightarrow 2HF + POF_3 \tag{3-24}$$

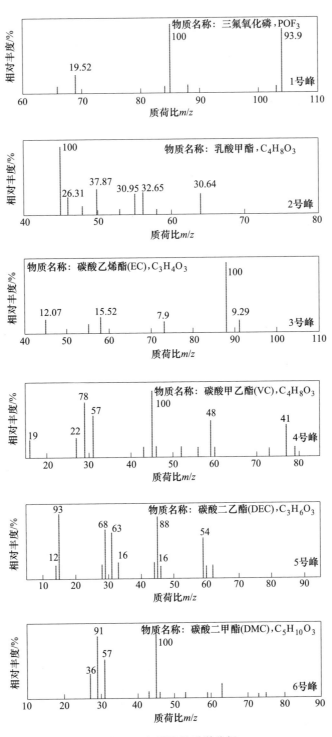

图 3-7　色谱峰的质谱分析

基于以上分析得知，在 120℃ 无氧焙烧条件下电极材料中的电解质发生了热解，生成裂解产物，而酯类电解液受热后从电极材料中脱除，这部分电解液的裂解对应于热重分析中 120℃ 下的失重行为，在此基础上，进一步地对热重分析的另两个重要失重温度点 550℃ 和 800℃ 进行 GC-MS 分析。图 3-8（a）和（b）为两个温度下热裂解产物总离子色谱；图 3-8（a）中可检索到 3 个色谱峰，对其物质组成的定性分析如图 3-9 所示。

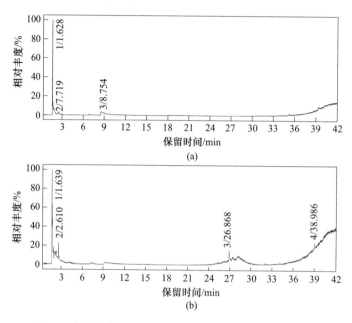

图 3-8　电极材料 550℃ 和 800℃ 下热裂解产物总离子色谱
（a）550℃；（b）800℃

图 3-9 为 550℃ 和 800℃ 下不同保留时间质谱峰的分析，通过检索 NIST 11 质谱库中的标准数据表明，550℃ 下电极材料的气相热解产物主要为偏氟乙烯（CH_2F_2）、1,3,5-三氟苯（$C_6H_3F_3$）、苯乙烯（C_8H_8）。气相产品中偏氟乙烯是由正极材料中 PVDF 无氧焙烧过程中由于温度升高发生缩聚反应产生的，反应式见式（3-25）；1,3,5-三氟苯也是 PVDF 在无氧焙烧条件下的裂解产物，具体反应见式（3-26）。苯乙烯的存在说明在负极材料中残留的少量丁苯橡胶黏结剂在无氧焙烧条件下裂解，生成了裂解产品。综合以上分析和电极材料 GC-MS 谱图的分析可知，在 550℃ 无氧条件下焙烧电极材料中有机黏结剂发生分解，产生气相裂解产物，同时并未检测到电极材料的主体物质 $LiNi_{0.5}Co_{0.2}Mn_{0.3}O_2$ 和石墨的裂解产物。800℃ 下电极材料的气相热解产物主要为 CO_2、偏氟乙烯（CH_2F_2）、脂肪酸和醇，这些产物的生成证明了正极材料 $LiNi_{0.5}Co_{0.2}Mn_{0.3}O_2$ 与石墨的反应生成了 CO_2，与此同时，在高温下电极材料的还原和黏结剂的热解过程发生了复

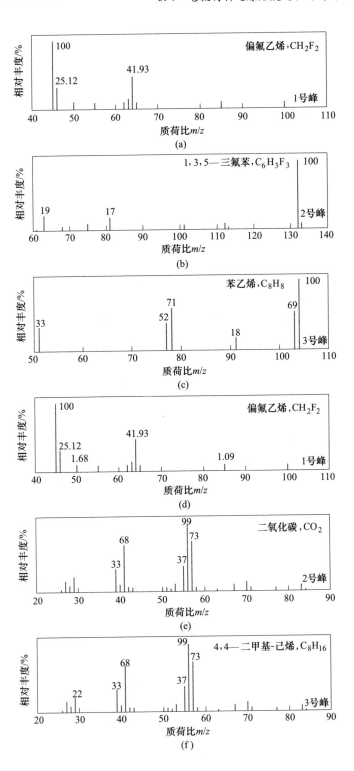

(a)

(b)

(c)

(d)

(e)

(f)

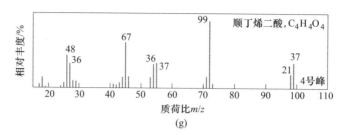

(g)

图 3-9 色谱峰的质谱分析

（a）～（c）550℃；（d）～（g）800℃

杂化学反应，生成碳链较长的有机物。

$$—(CF_2—CH_2)\text{-}n \longrightarrow nCF_2 \!=\! CH_2 \tag{3-25}$$

$$—(CF_2—CH_2)\text{-}n \longrightarrow HF + C(焙烧残碳) + R(R:氟苯) \tag{3-26}$$

$$15LiNi_{0.5}Co_{0.2}Mn_{0.3}O_2 + 3.25C == 7.5Li_2O + 7.5NiO + Co_3O_4 + 4.5MnO + 3.25CO_2$$
$$\tag{3-27}$$

3.4.3 电极材料解离行为的形貌表征

为了表征电极材料的形貌及解离状态，考虑到 400～600℃ 阶段为电极材料中有机质的脱除温度，对原料和 550℃ 焙烧产物进行 EPMA 分析。将颗粒物料首先在酒精中分散，并在超声条件下震荡 5min，将处理好的料浆悬浮液滴在载玻片上，自然风干后用导电胶带粘取少量粉末进行 EPMA 测试，结果如图 3-10 所示。

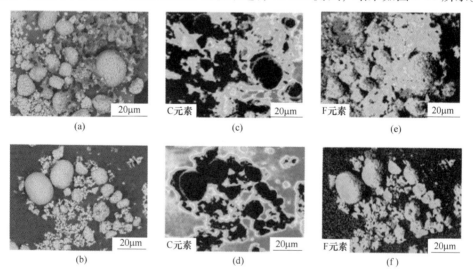

图 3-10 电极材料表面 EPMA 分析

（a）原样；（b）还原产物；（c）原样 C 元素；（d）还原产物 C 元素；

（e）原样 F 元素；（f）还原产物 F 元素

由图 3-10（a）电极材料原样背散射模式下的 EPMA 图像可知，电极材料的团聚现象明显，颗粒与有机黏结剂间紧密结合。为了表征有机黏结剂的赋存状态，对电极材料表面元素进行能谱分析，由 C 元素和 F 元素的分布状态可知，电极材料颗粒周围有大量无序化的黏结剂包覆。经焙烧处理后，电极材料颗粒间的团聚现象明显削弱，且部分球状三元材料颗粒被破坏，产生了粒度较小的颗粒。从图 3-10（b）及焙烧产物 C 元素和 F 元素的能谱图像可知，电极材料颗粒间的黏结剂含量明显降低，颗粒解离程度提高。

借助 SEM 对正极材料的表面形貌和颗粒间解离行为进行分析，结果如图 3-11 所示。图 3-11（a）和（c）为正极材料经 550℃ 还原焙烧 20min 后的样品 SEM 图像，从图中可见原样中电极材料与黏结剂间的黏附程度大幅降低，团聚颗粒几乎消失，并可以从图 3-11（c）中清晰地观察到 $LiNi_{0.5}Co_{0.2}Mn_{0.3}O_2$ 三元材料颗粒的球状形貌，这是由于还原焙烧处理后，电极材料中有机黏结剂被脱除，颗粒间黏附作用被破坏，电极材料间解离程度提高。而经 850℃ 焙烧处理后，由图 3-11（d）可见，正极材料颗粒间解离程度较高，此外球状形貌的电极材料已经消失。与手工拆解得到的正极片及直接刮落的电极材料相比，还原焙烧处理后电极材料的解离程度大幅提高，且由于碳热还原反应使 $LiNi_{0.5}Co_{0.2}Mn_{0.3}O_2$ 材料组分发生变化，生成了形貌不同的还原产物。

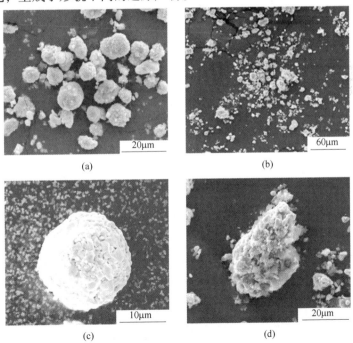

图 3-11　电极材料还原焙烧产物的 SEM 图像

（a）（c）550℃ 焙烧；（b）（d）850℃ 焙烧

3.5 电极材料还原焙烧过程的物相演化机制

3.5.1 电极材料还原过程物相结构演化特性

为了研究还原焙烧过程中正极材料的物相演化行为，将 8% 负极材料与正极材料混合，借助原位 XRD 技术对 $LiNi_{0.5}Co_{0.2}Mn_{0.3}O_2$ 三元材料升温过程中物相及晶格参数的变化进行动态分析，结果如图 3-12 和图 3-13 所示。由原样的 XRD 图谱可知，正极材料具有典型的 α-$NaFeO_2$ 层状结构，属六方晶系、$R\,3m$ 空间

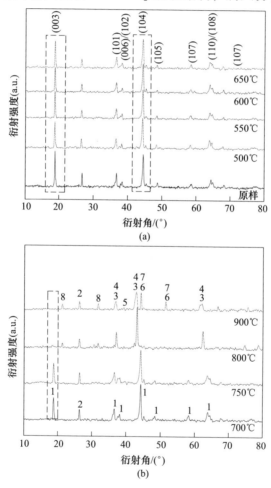

图 3-12 电极材料升温过程中的原位 XRD 图谱

(a) 500~650℃；(b) 700~900℃

1—$LiNi_{0.5}Co_{0.2}Mn_{0.3}O_2$；2—石墨；3—CoO；4—NiO；5—MnO；6—Co；7—Ni；8—Li_2CO_3

群[17,168]，且从图谱中各衍射峰的峰形特征可见，各衍射峰峰形尖锐、结晶度高，且无其他杂峰。为了清晰地观察(003)/(104)峰和(006)/(102)两组衍射峰的劈裂程度，将图 3-12 中原样和 600~750℃温度下图谱局部位置放大，得到图 3-13 所示图谱，并对晶格参数 a、b、c 及峰强比 I_{003}/I_{004} 进行计算，结果见表 3-3。由图 3-12 不同温度下电极材料的原位 XRD 图谱可知，温度在 750℃及以下的还原焙烧产物并未发生物相变化，正极材料的物质仍为 $LiNi_{0.5}Co_{0.2}Mn_{0.3}O_2$。当温度升高时，正极材料的 (003) 和 (104) 主峰强度逐渐减弱，当温度升高至 800℃时，$LiNi_{0.5}Co_{0.2}Mn_{0.3}O_2$ 的特征峰已消失，分析焙烧产物的图谱可知，产物中新生成物质为 NiO、CoO 和 MnO 的金属氧化物及 Ni 和 Co 的单质，同时生成了 Li_2CO_3。此外，各图谱中均存在负极材料石墨的衍射峰，这是反应负极材料过量造成的。

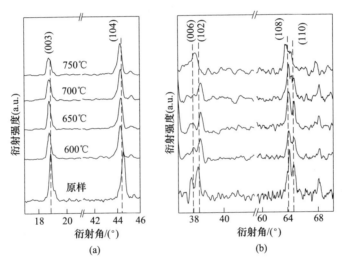

图 3-13 不同温度下电极材料原位 XRD 图谱的局部放大图

(a) 17°~46°；(b) 36°~68°

从图 3-13 可以发现，原样的(006)/(102)和(108)/(110)双峰劈裂明显，这是由于电极材料具有良好的层状晶体结构，且层片间阳离子的混排并不显著[17]。而随着焙烧温度的升高，700℃以前电极材料的双峰劈裂依然较为明显，当温度达到 700℃后(006)/(102)双峰的重叠程度显著提高、峰宽增大，这是由于正极材料的晶体层状结构的无序度不断增加，锂离子在晶体层片中的混排程度提高，在 750℃下已发生双峰合并。由表 3-3 可知，正极材料原样的 I_{003}/I_{004} 为 1.316，说明离子混排程度较低[17]。而随着温度的升高，I_{003}/I_{004} 的比值逐渐下降，当温度升高至 700℃时，该比值降低至 0.657，这说明温度达到 700℃后电极材料晶体内离子混排缺陷现象极为明显。此外，c/a 比值也是用来判断三元材料层状结构是否良好的指标，通常该比值越大，材料的层状特性越好。由表3-3可知，原料的 c/a 比值为4.98，材料的层状结构较好，而随着焙烧温度的提升，材料的 c/a 比值不断降低，当温度提高至700℃时，该比值仅为4.04；c/a 数值随温度升高而降低的趋势也证明了电极材料的层状结构不断被破坏[174]。由XRD的分析结果可知，无氧焙烧条件下，$LiNi_{0.5}Co_{0.2}Mn_{0.3}O_2$ 三元材料在温度升高过程中层状结构的有序度不断降低，阳离子混排程度不断提高，当温度达到700℃电极材料的晶体结构有序度显著下降，当温度达到800℃时晶体结构被破坏，并生成新的还原产物。

表 3-3 正极材料原样和焙烧产物的晶格参数

样品	a/nm	c/nm	c/a	I_{003}/I_{004}
原样	0.28535	1.42236	4.9846	1.316
600℃下	0.36240	1.67193	4.6135	1.012
650℃下	0.41198	1.81168	4.3975	0.974
700℃下	0.47246	1.90666	4.0356	0.657
750℃下	0.52247	2.01251	3.8519	0.579

3.5.2 三元材料还原过程中过渡金属元素还原规律

为了研究电极材料焙烧过程中过渡金属元素的还原行为，借助XPS对电极材料还原焙烧产物中各金属元素的价态进行研究。恒温时间为20min，负极材料的质量分数为8%，各物料随温度变化产物的XPS结果如图3-14所示，其中样品编号1号、2号、3号和4号分别代表700℃、750℃、800℃和900℃下还原焙烧产物。正极材料表面Ni、Co、Mn元素化学态分析见表3-4。图3-14（a）为电极材料表面Mn元素价态分析，随着温度的提升，Mn^{4+} 的特征峰强度不断减弱，而 Mn^{2+} 特征峰强度不断提高。图3-14（b）为正极材料表面Co元素窄扫图谱，随着温度的提升，780eV和795.2eV处 Co^{3+} 的特征峰强度不断减弱，而781.2eV和797.3eV的 Co^{2+} 特征峰强度不断提高。由图3-14（c）可知，854.6eV处 Ni^{2+} $2p_{3/2}$ 的特征峰和872.1eV处 Ni^{2+} $2p_{1/2}$ 的特征峰随反应温度的升高，强度不断降低。而856.3eV处 Ni^{3+} $2p_{3/2}$ 的特征峰强度随恒温温度的提升不断增大，这说明在还原焙烧过程中产生了+3价的Ni中间体。而此中间价态随着温度的提升最终以+2价的XPS峰存在，这是由于还原产物中的NiO带来的。同时可检测到852.1eV处单质Ni的特征峰强度不断增大，证明Ni元素在还原反应后部分被还原成单质Ni。

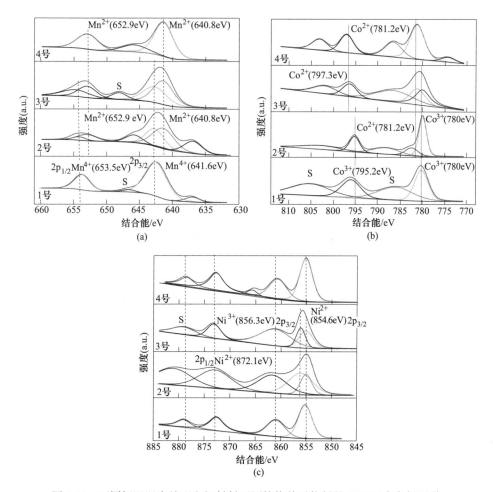

图 3-14　不同恒温温度处理电极材料还原焙烧前后物料的 XPS 元素窄扫图谱
（a）Mn 2p；（b）Co 2p；（c）Ni 2p

表 3-4　正极材料表面 Ni、Co、Mn 元素化学态分析

处　理　前			处　理　后		
结合能/eV	基团	含量（原子百分数）/%	结合能/eV	基团	含量（原子百分数）/%
854.6	Ni^{2+} $2p_{3/2}$	23.57	854.6	Ni^{2+} $2p_{3/2}$	21.84
872.1	Ni^{2+} $2p_{1/2}$	16.92	872.1	Ni^{2+} $2p_{1/2}$	17.28
641.6	Mn^{4+} $2p_{3/2}$	51.36	640.8	Mn^{2+} $2p_{3/2}$	48.39
653.5	Mn^{4+} $2p_{1/2}$	23.48	652.9	Mn^{2+} $2p_{1/2}$	20.69
289.99	Co^{3+} $2p_{3/2}$	31.64	781.2	Co^{2+} $2p_{3/2}$	29.74
290.55	Co^{3+} $2p_{12}$	18.83	797.3	Co^{2+} $2p_{1/2}$	17.36
			778.1	Co $2p_{3/2}$	5.59

3.6   焙烧参数对电极材料还原行为影响规律

3.6.1   微波功率对电极材料还原影响

微波功率是还原焙烧过程中的重要参数，在恒温时间为 15min，负极材料含量为 8%条件下，微波功率对电极材料中 Ni、Co、Mn 的还原率的影响如图 3-15 所示。可以看出，各元素的还原率随微波强度的升高不断增大。微波功率从 150W 升高至 750W，Ni 的还原率由 60.66% 升高至 79.56%，Co 的还原率由 61.87% 升高至 81.55%，而 Mn 的还原率升高了 14.35%。随着微波功率继续升高，各金属的还原率显著提高，当功率升高至 1200W 时，Ni、Co、Mn 的还原率分别达到了 83.07%、84.13% 和 77.64%。这是由于随着微波功率的提高，物料所吸收的微波能随之提高，电极材料极性分子在微波场的振动和转向得以提升，这不仅使反应体系获得了热量，而且增加了电极材料分子间的相互碰撞概率，体系的温度升高速率也随之加快，负极石墨的还原能力也因此得以提升。体系能量的提升减弱了分子扩散阻力，因此强化了反应的进行，Ni、Co 和 Mn 的还原率增加较快。当微波功率升高至 1500W 时，Ni、Co、Mn 的还原率分别达到了 86.02%、86.73% 和 80.33%，与 1200W 下的焙烧效果比，还原率增加并不显著，也说明了在本体系下 1200W 微波功率已经达到最优值，无须继续增大功率。

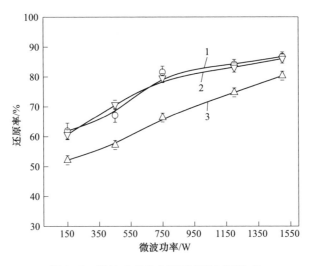

图 3-15   微波功率各金属元素的还原效率

1—Co；2—Ni；3—Mn

图 3-16 和图 3-17 为不同功率下，电极材料还原焙烧产物的 XRD 图谱，由图

可以发现，150W 功率下焙烧产物的 XRD 图谱中仍可观察到（006）/（102）和
（108）/（110）双峰劈裂现象，说明在该功率下焙烧的电极材料仍保持一定的层状
结构；而随着功率的升高，在 450W 下电极材料的（006）/（102）双峰的重叠程度
较高、峰宽增大，表明正极材料的层状结构不断变为呈无序化结构，锂离子在层
间的混排程度随之提高。此外，I_{003}/I_{004} 的比值逐渐下降，两个峰的位置左移；当
微波功率升高至 750W 时，图谱中（003）和（104）峰消失，图谱中出现了单质
Ni 和 Co 的衍射峰，说明 $LiNi_{0.5}Co_{0.2}Mn_{0.3}O_2$ 在 750W 微波功率焙烧下结构已经完
全破坏，产生新物质。当功率继续提高至 1200W 时，XRD 图谱中物质的衍射峰
种类与 750W 无并未差别。对于电极材料的还原焙烧，微波功率的大小是影响反
应进程的主要因素，当提高功率后碳急剧升温，还原能力增强，增大反应系统能
量，因此强化了电极材料的还原焙烧行为。

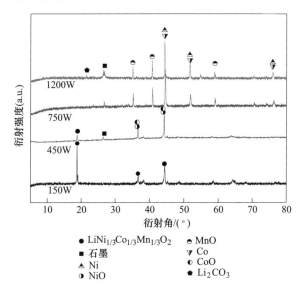

图 3-16 电极材料及不同微波功率下还原焙烧产物的 XRD 图谱

3.6.2 焙烧时间对电极材料还原影响

恒温时间是影响电极材料还原焙烧的另一个重要参数，在微波功率 1200W、
负极含量 8% 条件下，本节主要介绍不同恒温时间下电极材料中各金属的还原率。
由图 3-18 可知，当焙烧时间为 5min 时，Ni 和 Co 的还原率分别达到 63.95% 和
60.32%，而 Mn 的还原率仅为 54.62%；随着焙烧时间的延长，各金属还原率迅
速增加，当恒温时间达到 20min 时，Ni 和 Co 的还原率达到 88.36% 和 86.58%，
Mn 的还原率也升高至 82.22%。由电极材料的升温速率研究已知，在 750W 微波
功率下电极材料经 150s 温度达到平衡不再升高。因此在 150s 的反应时间之前物

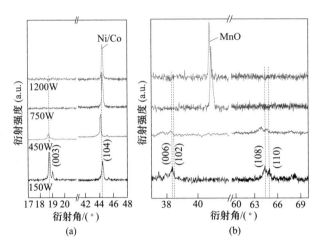

图 3-17 电极材料 XRD 图谱的局部放大图

(a) 17°~46°；(b) 36°~68°

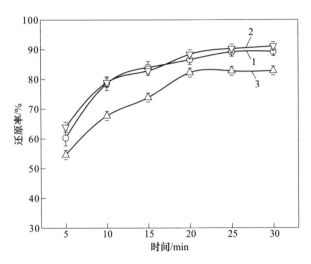

图 3-18 焙烧时间各金属元素的还原率

1—Co；2—Ni；3—Mn

料处于温度上升阶段，并未达到反应所需温度；而当恒温时间增大至 200s 时，正、负极电极材料的还原焙烧反应才能较好地进行。当恒温时间达到 25min 时，Ni 和 Co 的还原率分别达到 90.31% 和 89.18%，Mn 的还原率也达到了 82.74%。这是因为随辐射时间延长，正极材料中过渡金属元素与负极石墨的还原反应程度不断提高，还原率不断增大。当反应时间继续增大至 30min 时，电极材料中 Ni、Co、Mn 的还原率增加缓慢，已接近平衡。因此，考虑到低能耗原则以 25min 作为电极材料还原焙烧时间已经足够。

3.6.3 恒温温度对电极材料还原影响

由于正极材料 $LiNi_{0.5}Co_{0.2}Mn_{0.3}O_2$ 与负极石墨的还原焙烧须达到一定的温度才能进行，将微波管式炉设置为恒温模式，对不同温度下各种焙烧产物中过渡金属的还原率进行测定，控制负极石墨添加量 8%，反应时间 25min。图 3-19 为不同恒温温度下电极材料中各过渡金属元素的还原率，由图可知，温度在 700℃下电极材料中各金属的还原率均低于 10%。随着恒温温度的升高，Ni、Co 和 Mn 的还原率迅速增加，当恒温温度达到 800℃时，Ni 和 Co 的还原率达到 65.56% 和57.55%，Mn 的还原率达到 50.36%。这是因为随着温度的升高，分子运动加剧，正极材料与负极石墨分子之间的碰撞也更加激烈，从而增强了 Mn、Ni 和 Co 的还原反应，其还原率提高。当恒温温度达到 900℃时，Ni 和 Co 的还原率达到90.85% 和 90.91%，Mn 的还原率达到 84.46%；而温度继续升高至 950℃时，各金属的还原率升高趋势并不显著，因此以恒温温度 900℃为宜。由于恒温温度对金属还原率影响极为显著，以恒温模式作为碳热还原的实验条件。采用 SEM 对电极材料不同温度下焙烧的产物进行表面形貌分析，结果如图 3-20 所示。

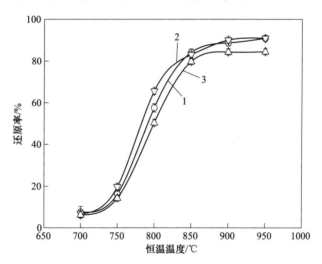

图 3-19　恒温温度对各金属元素的还原率

1—Co；2—Ni；3—Mn

图 3-20（a）和（d）为 120℃下正极材料的焙烧产物的 SEM 图像，由图可见经低温处理后电极材料与黏结剂间结合紧密，颗粒间团聚现象仍然比较明显，正极材料颗粒与电极片并未实现较高程度的解离，在该温度下电极材料中的有机黏结剂并未发生分解，因此解离效果较差；而图 3-20（b）和（e）表明，经550℃下焙烧处理后，可观察到电极材料已完全解离，颗粒间的团聚现象已经消失，

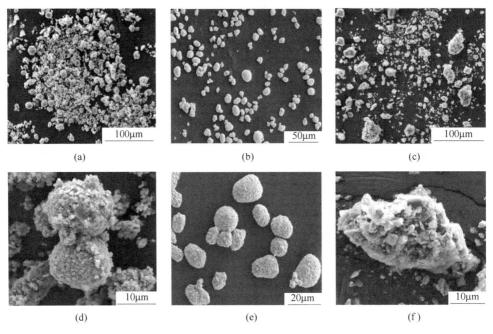

图 3-20 退役正极材料不同温度下焙烧产物的 SEM 图像

（a）（d）120℃焙烧产物；（b）（e）550℃焙烧产物；（c）（f）850℃焙烧产物

同时可以清晰地观察到 $LiNi_{0.5}Co_{0.2}Mn_{0.3}O_2$ 三元材料的球状形貌。从图 3-20（c）和（f）中可以看出，经 850℃处理后，电极材料颗粒的形貌发生改变，球状颗粒已变成层片状。通过 SEM 分析与电极材料焙烧过程的 GC-MS 的综合分析可知，电极材料中电解液的脱除并未对颗粒的解离产生影响，而随着焙烧温度的升高，当温度达到 450℃后，电极材料中有机黏结剂不断脱除，正极材料颗粒间的解离度不断提高；而温度升高至 800℃后，正、负极电极材料间发生还原反应，$LiNi_{0.5}Co_{0.2}Mn_{0.3}O_2$ 被还原成金属氧化物，电极材料的形貌也随之发生变化，球状形貌消失。

3.6.4 正、负极材料比例影响

根据物料在微波场中的升温速率行为可知，石墨的质量对升温速率有重要影响，在恒温温度 900℃、恒温时间 25min 条件下，图 3-21 给出了不同石墨含量（质量分数）下电极材料中各金属元素的还原率，由图 3-21 可知，当正极中不添加石墨时，Ni 和 Co 的还原率仅分别为 27.66% 和 35.87%，而 Mn 的还原率为 32.15%；随着石墨含量的增加，各金属元素的还原率迅速增加，当石墨含量为 2% 时，Ni 和 Co 的还原率达到 50.13% 和 52.22%，Mn 的还原率也升高至 46.67%。正极材料在微波场中的热效应主要是乙炔黑造成的，而其含量低、热

效应差,造成物料升温速度缓慢,还原焙烧反应不彻底。因此,正极材料中的少量乙炔黑并不能将 Ni、Co 和 Mn 元素完全还原至低价态,需要外加碳源。电极材料的热重数据分析也证明,纯正极材料在还原焙烧过程中的失重率仅为 2.38%。随着负极石墨含量的增大,各金属的还原率随之不断升高;当石墨含量达到 10% 时,Ni 和 Co 的还原率分别达到 94.86% 和 92.45%,Mn 的还原率也达到了 88.76%。这是由于石墨含量的提高一方面提高了物料体系的升温速率,致使反应所需热能能及时补充,正极材料的还原率被提升。此外,物料中石墨混入量的提高也增加了固相反应的浓度,对还原焙烧反应具有促进作用。随着石墨含量的进一步增大,各过渡金属的还原率增大并不明显。当石墨含量增大至 12% 时,电极材料中 Ni、Co 和 Mn 的还原率分别为 95.95%、91.61% 和 88.64%,还原程度已接近平衡。因此以 10% 的石墨添加量作为电极材料还原焙烧负极的掺入量已经足够。

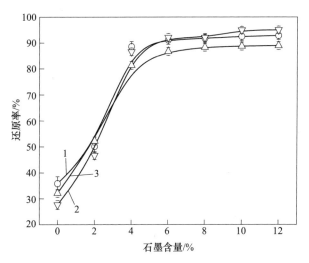

图 3-21 石墨含量对各金属元素还原率影响
1—Co;2—Ni;3—Mn

通过以上焙烧参数对电极材料的还原效果的影响可知,恒温温度对电极材料还原影响最显著,主要原因是焙烧温度一方面决定电极材料中有机质的分解,以此影响电极材料颗粒间的解离和固相反应的进行;且反应温度的高低也决定了 $LiNi_{0.5}Co_{0.2}Mn_{0.3}O_2$ 与石墨的反应是否能发生;此外石墨的加入量对各金属还原效果的影响较为显著,这是因为石墨加入量对物料的升温速率影响显著,因此对金属的还原影响显著。正、负极材料混合还原焙烧的最佳条件为:微波功率 1200W,恒温时间 25min,恒温温度 900℃,负极材料掺入量 10%,此时 Ni、Co、Mn 的还原率分别达到 94.86%、92.45% 和 88.76%。

3.7 常规热解条件下电极材料还原焙烧行为

3.7.1 恒温温度对电极材料还原影响

将传统加热方式下电极材料的还原焙烧行为与微波辅助还原焙烧进行对比，考察了恒温时间和温度对电极材料中金属的还原效果影响。常规热解实验在MXG1200-80 型管式炉中进行，升温速率 10℃/min，氮气流速 200mL/min，固定实验条件负极材料掺入量 10%，恒温时间 15min，图 3-22 显示了不同恒温温度下电极材料中各过渡金属元素的还原率，由图可知，温度在 700℃ 下电极材料中各金属还原率极低。随着恒温温度的升高，Ni、Co 和 Mn 的还原率迅速增加，当恒温温度达到 800℃ 时，Ni 和 Co 的还原率达到 35.57% 和 32.62%，Mn 的还原率达到 28.36%。当恒温温度达到 900℃ 时，各金属的还原率已达平衡，Ni 和 Co 的还原率达到 55.03% 和 49.58%，Mn 的还原率达到 44.62%。

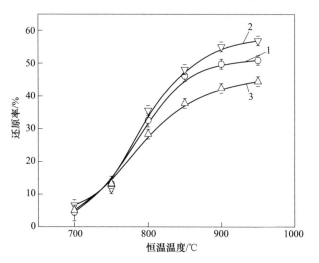

图 3-22 恒温温度对各金属元素的还原率
1—Co；2—Ni；3—Mn

3.7.2 恒温时间对电极材料还原影响

固定实验条件下负极材料掺入量 10%，恒温温度 900℃。图 3-23 显示了不同恒温时间下电极材料中各金属的还原率，由图 3-23 可知，当焙烧时间为 5min 时，Ni 和 Co 的还原率分别达到 28.94% 和 25.24%，而 Mn 的还原率仅为 20.62%；随着辐射时间的延长，各金属元素的还原率得到一定提升，当恒温时间达到 15min 时，Ni 和 Co 的还原率达到 54.85% 和 53.01%，Mn 的还原率也升高至 46.83%。随着恒温时间的继续延长，各金属还原率的升高趋势不再显著，当时间增大至 25min 时，Ni 和 Co 的还原率分别为 66.31% 和 64.18%，Mn 的还原率达到了 52.80%。这可能是因为随辐射时间延长，正极材料中 $LiNi_{0.5}Co_{0.2}Mn_{0.3}O_2$ 与负极石墨的反应已达到平衡，即使恒温时间继续增大，Ni、Co 和 Mn 的还原程度将不再提高。当焙烧时间为 30min 时，Ni 和 Co 的还原率分别为 68.15% 和 65.35%，而 Mn 的还原率为 56.93%，因此，还原率的增大趋势不显著。

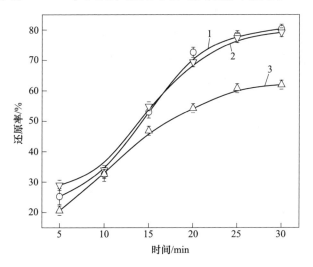

图 3-23 恒温时间各金属元素的还原率
1—Co；2—Ni；3—Mn

通过传统加热方式下电极材料还原焙烧效果的分析可知，提高还原焙烧反应温度和恒温时间能对过渡金属的还原起到一定促进作用，但相比于微波辅助还原焙烧，在相同反应温度和时间下其金属还原率较低。这是由于在微波辅助条件下，一方面可以增强反应体系的扰动效应，破坏电极材料表面微观性质，并暴露更多的新鲜表面，同时选择性加热行为有助于颗粒间产生微裂纹，增大反应界面的表面积，加速还原焙烧反应的进行。

3.8 还原焙烧对电极材料内部结构影响的宏/微观尺度分析

3.8.1 实验样品制备

首先，将手工拆解所得的正极片置于微波管式炉中，保持功率 1200W 不变，改变焙烧时间，将所得的焙烧产物进行 SEM 分析，考察正极材料在电极片的脱落程度及电极材料颗粒的解离效果。其次，研究了不同还原焙烧条件下电极材料的表面微观特性变化机制，对于 XRM 样品测试，先将一定比例正、负极电极材料混合后研磨均匀，每次实验用样品 5g，实验样品放置于石英坩埚中，加盖后用坩埚钳置于长度 100cm、直径 6cm 的石英管中。为了保证实验过程的密封性，将石英管两端由法兰密封，样品在加热中不被空气侵蚀，还原焙烧后的产物用于后续微观性质表征分析。

3.8.2 还原焙烧对正极材料表面微观形貌的影响

为了表征电极材料中有机黏结剂的脱除和颗粒的解离行为，以单一正极材料为对象，研究还原焙烧过程中电极材料的微观形貌变化。分别对手工拆解所得的正极片和不同时间处理下还原焙烧产物进行 SEM 分析，实验过程中保持微波功率 1200W。图 3-24（a）~（c）为背散射模式下正极片截面和端面的 SEM 图像，图 3-24（a）可见电极材料与黏结剂间结合紧密，且从图 3-24（b）截面图像中可见未经处理的电极材料致密地黏附在电极片两侧。而经 15min 焙烧处理后，在电极片上可观察到一定裂纹的产生，而此时电极材料仍以团聚态存在，正极材料颗粒与电极片并未实现较高程度的解离。从图 3-24（d）中可以看出，经 20min 处理后，电极材料颗粒具有一定的分散程度，可以清晰地观察到 $LiNi_{0.5}Co_{0.2}Mn_{0.3}O_2$ 三元材料的球状形貌，而在颗粒间存在着较高程度的黏附现象，且在颗粒间可见，在球

图 3-24 退役正极材料不同时间焙烧产物的 SEM 图像

（a）（b）电极片原样；（c）15min 焙烧电极片；（d）20min 焙烧产物；

（e）25min 焙烧产物；（f）30min 焙烧产物

状电极材料的结合处有大量的有机黏结剂分布。随着焙烧时间的延长，由于黏结剂的脱除，正极材料颗粒间的解离度不断提高，图 3-24（f）表明电极材料中有机黏结剂已有效脱除，颗粒分散程度较高。

3.8.3　还原焙烧对电极材料宏观尺度形貌影响

微波对正、负极混合材料不同组分的加热行为差异，造成其受热不均匀，为了直观分析因热效应产生的局部膨胀和裂纹，借助 3D-XRM 技术对电极材料还原焙烧处理前后的三维形貌进行研究。将电极材料用压片机制成直径 2cm 的圆片，在微波功率 1200W，恒温时间 25min，负极材料掺入量 10%条件下进行还原焙烧实验。通过电极材料三维结构的重构技术，对其内部孔隙网络特征进行分析，并提取颗粒/孔隙尺寸与形态，定量表征电极材料微波热处理前后的三维孔隙形貌，结果如图 3-25 所示。图 3-25（a）和（c）为电极材料原样的三维重构图像，由图可知块状电极材料整体有序、颗粒结合紧密。而经还原焙烧处理后，在颗粒间出现大量孔隙。此外，从原料和焙烧产物的二维截面图 3-25（e）和（f）可见，在电极材料的内部出现大量的孔隙，这是由于经还原焙烧处理后，物料内部受热差异及热应力效应使体系中产生裂纹。利用 Dragonfly 软件对电极材料的实体和孔隙进行了分割处理，并进行了重新建模，得到了图 3-26 所示的实体和孔隙的

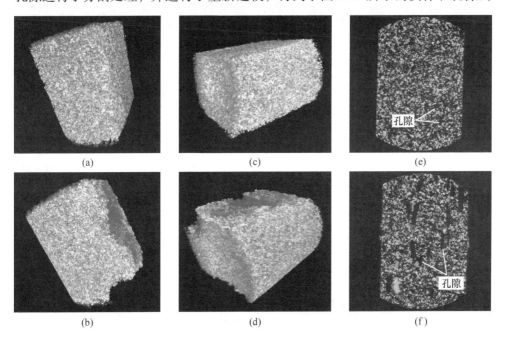

图 3-25　电极材料的 3D 重构模型

（a）（c）原料 3D 模型；（b）（d）还原产物 3D 模型；（e）原料 2D 图像；（f）还原产物 2D 图像

三维重构图像。根据孔隙和实体颗粒的 X 射线透射和反光差异，对孔隙率进行了定量研究，结果见表 3-5。分析结果显示，原料的平均孔隙率为 42.68%，经还原焙烧后孔隙率升至 68.39%，且物料的最大孔隙直径由 12.73μm 增大至 52.79μm。通过以上分析，从物料的宏观形貌分析证实了微波选择性加热效应使电极材料出现宏观尺度上的裂纹，孔隙率增大。

图 3-26 电极材料实体和孔隙的三维重构图像

（a）（c）原样；（b）（d）还原产物

表 3-5 电极材料还原焙烧前后的孔隙率

孔隙率指标	电极材料原料	还原焙烧产物
平均孔隙率/%	42.68	68.39
最大孔隙直径/μm	12.73	52.79
平均孔隙直径/μm	6.16	32.28

3.8.4 还原焙烧对电极材料晶体结构影响

借助 TEM 对电极材料原料和最佳实验效果下的还原焙烧产物的内部晶体结构进行研究，还原焙烧实验条件为微波功率 1200W，恒温时间 25min，负极材料掺入量 10%，结果如图 3-27 所示。图 3-27 （a）和（b）为电极材料原样的

HRTEM 和 TEM 图像，从图 3-27（b）电极材料原样的亚微米级形貌和电子衍射花样可知，正极材料为层状六方晶体，层间距为 0.473nm。图 3-27（d）焙烧处理后电极材料颗粒表面粗糙且呈现出松散的晶体结构，在颗粒内部出现条状裂纹，从颗粒的内部微观结构证明了微波辅助还原焙烧对材料晶体结构的改变；同时由图 3-28 不同位置处还原焙烧产物的能谱图可见，还原产物的 1 号位置为 Mn 元素，而 2 号和 3 号位置检测到 Ni 和 Co 元素，元素的差别也证明了还原产物物质组分的区别。图 3-27（c）和（f）为还原焙烧产物的高分辨透射电子显微镜照片，晶体层间距的变化进一步证明了还原焙烧处理后电极材料中活性物质被还原成新物质，且在电极材料边缘处显示出原子排布配位不全和晶格条纹部分缺陷状态，说明了 $LiNi_{0.5}Co_{0.2}Mn_{0.3}O_2$ 晶体结构受到冲击而发生改变。在还原焙烧过程中，微波热效应除了使被加热物质发生局部膨胀、破裂及表面性质和结构改变，还能进一步将能量传递至被加热物质内部，使其发生物理化学性质的变化，如晶格结构缺陷等。这种因晶体结构的改变使物料表面能增加，反应活性增强，有助于提高后续 Co、Ni、Mn 和 Li 的浸出率。

图 3-27　电极材料原料和焙烧产物的 TEM 和 HRTEM 图像
（a）（b）原料 TEM 图像；（c）（f）还原产物 HRTEM 图像；（d）（e）还原产物 TEM 图像

3.8.5　还原焙烧对电极材料表面元素分布影响

为了进一步表征电极材料的形貌及元素分布状态，对微波功率 1200W，恒温

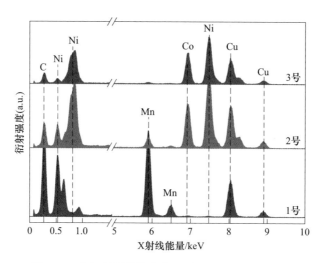

图 3-28 电极材料焙烧产物不同位置的 EDS 能谱图

时间 25min，负极材料掺入量 10%还原焙烧条件下的产物进行 EPMA 分析，结果如图 3-29 所示。由还原焙烧产物的背散射模式下的 EPMA 图像可知，图像中不同亮暗程度区域代表电极材料组分差异，经还原焙烧处理后，正极材料的球状形貌已经消失，且可观察到负极石墨的层片状结构。为了表征过渡金属的分布状态及有机黏结剂的赋存状态，对电极材料表面元素进行能谱分析，由 C 元素和 F 元

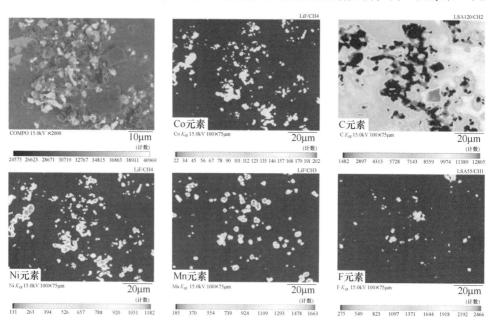

图 3-29 电极材料还原焙烧产物表面 EPMA 分析

素的分布状态可知，电极材料颗粒周围的黏结剂包覆现象并不明显，F 元素含量明显降低，而图像中 C 元素主要是由未反应完全的石墨及样品的背景导电碳带来的。同时，由于还原焙烧后电极材料中 $LiNi_{0.5}Co_{0.2}Mn_{0.3}O_2$ 与石墨反应后产生细小颗粒，这些颗粒表面由 Ni、Co、Mn 元素均匀分布，说明经还原焙烧处理后电极材料中过渡金属元素被还原后物料元素分布均匀，团聚行为消失。

4 微波辅助电极材料酸浸理论及工艺优化

微波加热具有极强的穿透物料的效应，并将能量储存在物料中，在此作用下被加热物料能够迅速升温，且样品的内部与外部同时受热，避免了传统加热方式的反向温度梯度[144]。在微波热效应作用下，物料的热传导率得以有效提高。此外，由于物料内部组分热效应不同、局部受热不均而形成孔隙和裂纹，促使物料的酸浸表面积增大，显著提高了分子在固液相界面的接触概率。利用微波的这一优势，可缩短电极材料的酸浸出时间，进而降低能耗。基于第 3 章过渡金属还原焙烧特性研究可知，经微波辅助还原焙烧处理后电极材料中过渡金属已被还原至低价氧化物或单质，颗粒间解离度显著提升，本章以还原焙烧产物为对象，借助微波辅助作用，介绍物料中各金属的浸出过程强化。

本章系统介绍了微波强化电极材料中各金属的浸出行为，首先分析了电极材料与葡萄糖酸反应过程机理，通过单因素寻优实验考察了微波功率、酸浓度、浸出时间、浸出温度、搅拌转速及固液比对各金属浸出率的影响；其次，借助 BBD 响应曲面法对浸出过程进行工艺条件优化，对最佳工艺条件进行预测和验证，并分析了影响电极材料浸出过程的主要因素的交互作用；再次，基于不同时间和温度参数对电极材料浸取过程反应动力学进行研究，建立浸出动力学模型，判定酸浸反应控制步骤并分析微波非热效应机理；最后借助 XPS、SEM 和 TEM 等手段对不同条件下浸出反应残渣的物相及表面性质进行分析，探明浸出反应过程中电极材料的物相演化机制，揭示金属离子与葡萄糖酸反应动力学机理。

4.1 实 验 方 法

本节叙述了采用微波体系对电极材料的还原产物进行浸出，具体方法为取适量还原产物置于 200mL 三口烧瓶中，加入一定体积的葡萄糖酸溶液与物料充分混合。将烧瓶固定在微波反应器中聚四氟乙烯盘架上，并调整好机械搅拌器位置与搅拌转速。采用 MCR-3 型微波化学反应器进行浸出实验，仪器的额定微波输出功率为 800W。设定微波功率、恒温时间、温度后开始程序升温，实验过程可保持温度恒定或微波功率恒定，微波启动开始计时，三口烧瓶内液体温度由传感器检测并由自动温控系统控制，使温度或微波功率保持不变。反应结束后立即将料浆抽滤，使固液分离，并用去离子水将烧瓶和漏斗冲洗干净，将滤液定容后按一定倍数稀释，采用 ICP-MS 对稀释后溶液中的金属离子浓度进行测试，并计算金属的浸出率。浸出残渣在 70℃ 下在鼓风干燥箱中烘干 12h，将干燥样品收集，用于后续物相和形貌表征研究。

本章所采用的分析测试仪器、实验设备和试剂见表 4-1 和表 4-2。

表 4-1 实验所用试剂

药剂名称	分子式	纯度等级	生产厂家
盐酸	HCl	质量分数为 36.5%	上海苏懿化学试剂
硝酸	HNO_3	质量分数 65%	国药化学试剂
硫酸	H_2SO_4	质量分数为 98%	上海苏懿化学试剂
氢氧化钠	NaOH	分析纯	上海苏懿化学试剂
无水乙醇	C_2H_5OH	分析纯	上海凌峰化学试剂
葡萄糖酸	$C_6H_{12}O_7$	质量分数为 50%	国药化学试剂
硝酸钴	$Co(NO_3)_2$	分析纯	天津大茂化学试剂
硝酸镍	$Ni(NO_3)_2$	分析纯	天津科密欧试剂
硝酸锰	$Mn(NO_3)_2$	分析纯	天津科密欧试剂
硝酸锂	$LiNO_3$	分析纯	天津科密欧试剂
氨水	$NH_3 \cdot H_2O$	分析纯	捷克 Tescan
聚偏氟乙烯 600	PVDF 600	化学纯	科路得
导电炭黑	C	化学纯	科路得
铝箔	Al	质量分数为 99.8%	太原力之源
N-甲基吡咯烷酮	C_5H_9NO	分析纯	西陇科学股份公司
六氟磷酸锂	$LiPF_6$	分析纯	科路得

表 4-2 实验所用设备

设备用途	设备名称	型号	国别及厂家
表面及形貌分析	场发射电子探针显微分析仪（EPMA）	EPMA-8050G	日本岛津
还原焙烧及浸出实验	分析天平	EL104	梅特勒-托利多
	马弗炉	SX3-4-13A	杭州卓驰仪器
	万能粉碎机	FW400A	北京中兴
	恒温水浴锅	DF-101S	郑州科泰
	机械搅拌器	JJ-1B	金坛国旺
	鼓风干燥箱	Blue pard	上海一恒
	微波管式炉	FCG-15	山东辐测生物
	微波化学反应器	MCR-3	上海科升
	pH 计	AZ8601	台湾衡欣

4.2 正极材料与葡萄糖酸反应机理

本节采用葡萄糖酸作为浸出剂，对退役电极材料中各金属元素进行浸出研究。葡萄糖酸（$C_6H_{12}O_7$），是存在于自然界中一种常见的有机酸，工业生产中可由葡萄糖氧化或生物发酵制得。本节所采用的葡萄糖酸溶液纯度为分析纯，质量分数为50%。通过物质安全数据表（MSDS）查询可知葡萄糖酸为无毒、无腐蚀和刺激性气味的化学试剂，其基本物理性质见表4-3。

表4-3 D-葡萄糖酸的基本物理性质

名称	化学式	结构简式	溶解性	纯度（质量分数）/%	酸度系数 pKa
D-葡萄糖酸	$C_6H_{12}O_7$	$CH_2OH(CHOH)_4COOH$	易溶	50	3.86

根据第3章的研究结果已知，正极材料经还原焙烧处理后被还原成 Ni、Co 和 Mn 的单质或氧化物，Li 元素与 C 反应生成了 Li_2CO_3。因此，本章所研究的物料酸浸实验针对的是电极材料还原产物与酸反应，其反应式见式（4-2）~式（4-8）。由图4-1 葡萄糖酸的结构式可知，其分子中含有一个羧基，在溶液中存在式（4-1）所示的解离平衡，并产生 1 个 H^+，其酸度系数 pK_a 为 3.86。葡萄糖酸是一种还原性酸，其发生氧化反应后会生成短链羧酸类物质，氧化路径如图4-1 所示。由此可知，葡萄糖酸的各级氧化产物均为具有还原性的羧酸，这对电极材料中过渡金属的还原浸出是具有促进作用的。

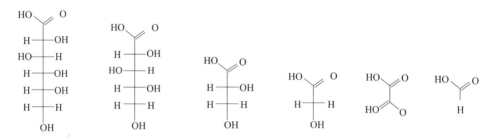

图4-1 葡萄糖酸的氧化过程

由图4-1 可知葡萄糖酸可被逐级氧化成短链羧酸类物质，因此在电极材料的酸浸过程中，若以原样为物料，会发生式（4-2）所示反应。而电极材料经还原焙烧处理后，电极材料中的 $LiNi_{0.5}Co_{0.2}Mn_{0.3}O_2$ 已被还原成对应的金属氧化物和单质，因此浸出行为较电极材料原样更容易，且无须添加还原剂。

$$CH_2OH(CHOH)_4COOH \longrightarrow CH_2OH(CHOH)_4COO^- + H^+ \qquad (4-1)$$

$$15C_6H_{12}O_7(aq) + 5LiNi_{0.5}Co_{0.2}Mn_{0.3}O_2(s) \longrightarrow 5Li^+ + Co^{2+}(aq) + 2.5Ni^{2+}(aq) +$$
$$1.5Mn^{2+}(aq) + 15C_6H_{11}O_7^-(aq) + 7.5H_2O + 1.25O_2(g) \tag{4-2}$$
$$NiO + 2H^+ \longrightarrow Ni^{2+} + H_2O \tag{4-3}$$
$$Co_2O_3 + 6H^+ + 2e \longrightarrow 2Co^{2+} + 3H_2O \tag{4-4}$$
$$CoO + 2H^+ \longrightarrow Co^{2+} + H_2O \tag{4-5}$$
$$Mn_2O_3 + 6H^+ + 2e \longrightarrow 2Mn^{2+} + 3H_2O \tag{4-6}$$
$$MnO + 2H^+ \longrightarrow Mn^{2+} + H_2O \tag{4-7}$$
$$Li_2CO_3 + 2H^+ \longrightarrow 2Li^+ + H_2O + CO_2 \tag{4-8}$$

4.3 工艺参数对电极材料浸出的影响规律

通常，电极材料中金属元素的浸出行为是由实验系统的温度、反应时间、酸用量和升温速率等因素决定的。本章重点考察各因素对电极材料浸出效果的影响作用，以及不同因素间的交互作用，采用 BBD（Box-Behnken Design）响应面法对电极材料的浸出过程进行工艺优化。利用合理的实验设计方法得到响应数据，构建响应值与因素间的回归模型关系，通过对模型的预测和优化寻求最优值及相应的实验条件。首先通过文献调研及已有知识和经验进行析因分析，提出可能对响应值产生影响的潜在因素，对这些因素依次进行显著性分析，对比因素水平差异对响应值的影响效果，确定高、低水平值，以此达到减少实验次数的同时保证优化质量的目的，本节采用 PB（Plackett-Burman）法进行二水平析因分析的实验设计，实验设计流程如图 4-2 所示。

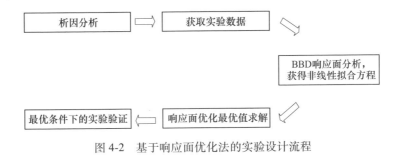

图 4-2 基于响应面优化法的实验设计流程

4.3.1 微波功率对电极材料浸出率的影响

由于微波功率对物料升温行为的重要影响作用，考察了恒温时间 10min，酸浓度 0.5mol/L，固液比 15g/L，搅拌转速 400r/min 下不同微波功率下电极材料中各金属的浸出率；由图 4-3 可知，当微波功率为 80W 时，电极材料中 Ni、Co、Mn 和 Li 的浸出率分别为 53.65%、50.87%、40.15% 和 43.89%；随着微波功率的提高，各金属元素的浸出率迅速增加，当微波功率为 240W 时，Ni、Co 和 Mn 的浸出率达到 74.67%、76.13% 和 65.22%，Li 的浸出率也升高至 70.54%，各金属的浸出率升高显著。由于微波功率的提高，液相中分子吸收的能量也随之提高，这使得物料中的极性分子的振动行为更加剧烈，在产生热量的同时，提高了分子间的有效碰撞概率，使体系的化学反应活性被有效促进，且液相反应体系中反应物离子运动速度也会加快，从而减小了分子扩散阻力，有效强化了反应的进行，在此作用下 Ni、Co、Mn 和 Li 的浸出率增加较快[144]。当微波功率继续升高至 640W 时，电极材料中 Ni、Co、Mn 和 Li 的浸出率分别为 83.07%、87.59%、76.37% 和 88.75%；但微波功率继续增大，各金属浸出率的增加趋势不再显著，已达到平衡。

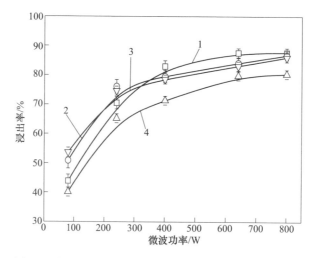

图 4-3　微波功率对电极材料中各金属元素浸出率的影响
1—Li；2—Co；3—Ni；4—Mn

4.3.2　恒温温度对电极材料浸出率的影响

本节考察了恒温时间 10min，酸浓度 0.5mol/L，固液比 15g/L，搅拌转速 400r/min 不同恒温温度下电极材料中各金属元素的浸出率，将微波反应器调节成恒温模式。由图 4-4 可知，在常温 25℃ 下电极材料中金属的浸出率较低，Li、Ni、Co 和 Mn 的浸出率分别为 53.95%、67.03%、68.77% 和 46.34%；随着温度的提高，各金属元素的浸出率迅速增加，当温度升高至 40℃ 时，Li、Ni 和 Co 的浸出率达到 78.22%、75.13% 和 77.92%，Mn 的浸出率达到 66.63%。这是由于温度的升高促使固体颗粒表面与葡萄糖酸分子间的接触和碰撞也更加激烈，从而增强 Co、Ni 和 Mn 与酸的反应，使其浸出率提高。当温度升高至 80℃ 时，Li、Ni 和 Co 的浸出率达到 90.68%、91.23% 和 89.45%，Mn 的浸出率达到 87.19%。温度对电极材料浸出具有显著的影响效果，而在微波加热下，液相温度能够短时间之内达到平衡，因此在浸出过程中设定微波功率恒定模式即可。

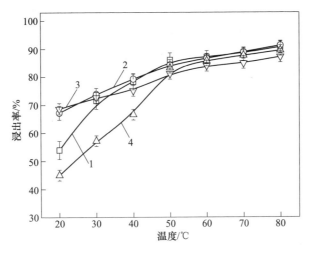

图 4-4 温度对电极材料中金属浸出效果的影响

1—Li；2—Co；3—Ni；4—Mn

4.3.3 反应时间对电极材料浸出率的影响

反应时间是影响浸出反应进程的重要因素，本节考察了微波功率 640W，酸浓度 0.5mol/L，固液比 15g/L，搅拌转速 400r/min 下不同反应时间下电极材料中各金属的浸出率，由图 4-5 可知，当反应时间为 5min 时，Ni、Co、Mn 和 Li 的浸出率分别为 67.03%、79.17%、78.53% 和 73.54%；当反应时间继续增大时，各

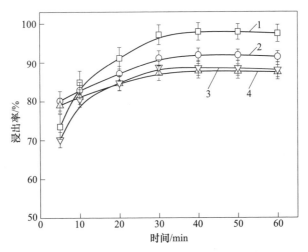

图 4-5 反应时间对电极材料中金属浸出效果的影响

1—Li；2—Co；3—Ni；4—Mn

金属元素的浸出率得到一定提升，当恒温时间达到 20min 时，Ni、Co、Mn 和 Li 的浸出率分别为 82.26%、85.77%、81.03% 和 91.13%；随着反应时间继续延长，各金属的浸出率有一定升高的趋势，但影响并不显著；由第 3 章电极材料的升温速率研究已知，在微波场中液体需要经过一定时间才能达到平衡温度，因此在升温阶段电极材料的浸出效果并不能达到最佳状态。反应时间继续延长，各金属的浸出率已接近平衡。因此考虑到能耗要求，以 30min 作为电极材料浸出时间已经足够。

4.3.4 酸浓度对电极材料浸出率的影响

本节考察了微波功率 640W，反应时间 30min，固液比 15g/L，搅拌转速 400r/min 下酸浓度对各金属浸出率的影响，由图 4-6 可知，当酸浓度为 0.25mol/L 时，Ni、Co、Mn 和 Li 的浸出率分别为 84.84%、85.97%、72.26% 和 91.97%，当酸的浓度升高至 0.5mol/L 时，Ni、Co、Mn 和 Li 的浸出率分别达到 89.87%、91.59%、81.74% 和 86.57%；而当酸浓度继续升高至 0.75mol/L 时，各金属元素的浸出率变化缓慢。酸浓度的增大起初对金属的浸出起到促进作用，这是由于酸浓度的增大，反应物分子接触概率增大，有利于提高物料中金属元素的浸出效果。而浸出液中各金属离子和酸的溶解度达到饱和时，其活度积 $K_{sp} = \alpha_{Co} + \alpha_C$，是一个常数。当加入过量葡萄糖酸后，酸根离子的引入导致了 α_C 增大，由于 K_{sp} 不变而 α_{Co} 下降，在同离子效应作用下，过渡金属离子的溶解度下降，在溶液中以沉淀的形式析出，各金属的浸出率下降。

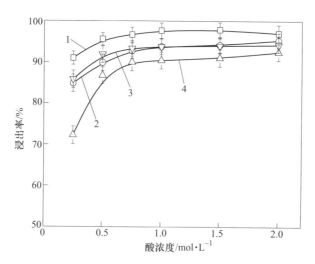

图 4-6 酸浓度对电极材料中金属浸出效果的影响

1—Li；2—Co；3—Ni；4—Mn

4.3.5 固液比对电极材料浸出率的影响

本节考察了微波功率 640W，反应时间 30min，酸浓度 0.75mol/L，搅拌转速 400r/min 下固液比对各金属浸出率的影响，由图 4-7 可知，当固液比为 2g/L 时，Li、Ni 和 Co 的还原率分别为 94.79%、91.82% 和 90.54%，而 Mn 的还原率为 90.67%；当固液比增大为 5g/L 时，Li、Ni 和 Co 的浸出率为 94.03%、93.03% 和 90.55%，Mn 的还原率也降低至 89.98%。随着固液比的增大，各金属原始的浸出率均呈现下降趋势；当固液比为 15g/L 时，Li、Ni 和 Co 的浸出率分别为 96.55%、90.55% 和 94.43%，而 Mn 的浸出率为 88.52%。由于固液比的升高，固体颗粒表面与液相中酸分子的可接触面积逐渐降低；此外，在低固液比下，反应物和生成物分子在相界面间更容易扩散，对浸出反应的进行是有利的；考虑到本工艺旨在提高金属浸出率，并能实现较高的物料处理量，因此以 15g/L 作为优选条件下的浸出固液比。

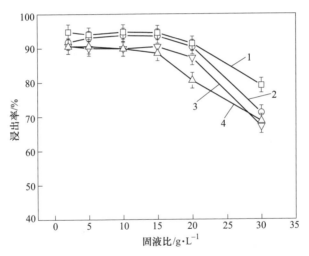

图 4-7 固液比对电极材料中金属浸出效果的影响

1—Li；2—Co；3—Ni；4—Mn

4.3.6 搅拌转速对电极材料浸出率的影响

本节考察了微波功率 640W，反应时间 30min，酸浓度 0.75mol/L，固液比 15g/L 下搅拌转速对各金属浸出率的影响，由图 4-8 可知，当搅拌转速为 200r/min 时，Li、Co 和 Ni 的浸出率分别为 83.77%、79.67% 和 77.65%，而 Mn 的浸出率为 74.27%；随着搅拌转速的增大，各金属元素的浸出率缓慢增大；当搅拌转速为 600r/min 时，Li、Ni 和 Co 的浸出率分别为 98.17%、95.27% 和 94.24%，而 Mn 的浸出率为 92.87%；这一方面是由于搅拌转速的增大提高了固液反应体系的扰动，固液相界面的接触概率得到提升，反应体系的能量得以提升；另一方面，微波作用下浸出体系已得到有效促进，因此搅拌转速对浸出效果的影响相比之下并不明显。

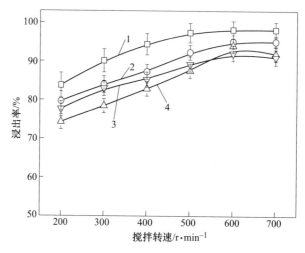

图 4-8 搅拌转速对电极材料中金属浸出效果的影响
1—Li；2—Co；3—Ni；4—Mn

通过以上单因素寻优实验结果可知，在微波功率 640W、反应时间 40min、反应温度 80℃、固液比 15g/L、搅拌转速 600r/min 及酸浓度 0.75mol/L，电极材料的浸出率达到最佳效果；此外，通过以上实验对得到了各因素水平值对金属浸出效果产生影响的有效区间。

4.4 浸出过程的工艺优化

4.4.1 响应面分析实验方法

本节利用响应曲面法考察浸出率（响应值）与影响因素（自变量）之间的近似函数关系，并对浸出工艺的最优值进行预测和优化。第一步是通过回归分析建立各金属浸出率 Y 与自变量 X 间的函数关系。根据实际响应值与参数变量关系的特点，通常采用一阶线性模型（见式（4-9））或高阶的多项式（4-10）所示二阶模型拟合。

$$Y = \beta_0 + \beta_1 X_1 + \beta_2 X_2 + \cdots + \beta_k X_k + \varepsilon \qquad (4-9)$$

$$Y = \beta_0 + \sum_{i=1}^{k} \beta_i X_i + \sum_{i=j}^{k} \beta_{ii} X_i^2 + \sum_{i=j}^{k-1} \sum_{j=i+1}^{k} \beta_{ij} X_i X_j + \varepsilon \qquad (4-10)$$

式中，Y 为响应值；$X_1 \sim X_k$ 为自变量，k 为自变量序号；$\beta_0 \sim \beta_k$ 为相关系数；ε 为

随机误差。

通过具体实验得到数据，对模型参数进行求解，构建响应值 Y 与自变量 X 之间的函数关系，从而建立拟合曲面并进行分析。Box-Behnken（BBD）设计中，轴点位于因子空间的每个面的中心，因此水平为+1，并且要求每个因子的水平数为 3。图 4-9 显示一个 3 因子 Box-Behnken 设计，图上各点表示实验设计的因素和水平间相互独立。

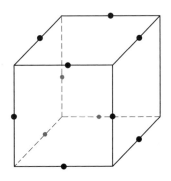

图 4-9　$k=3$ 的 BBD 示意图

4.4.2　实验因素筛选及析因分析

Plackett-Burman（PB）实验设计是一种常用的因素筛选方法，在正交实验和响应面实验设计中较为常用。本节利用 PB 设计方法对 4.3 节单因素水平实验中的各操作条件进行析因分析，探究各因素中对浸出效果有显著影响的因素。各因素的低水平−1 值和高水平+1 值由 4.3 节单因素实验结果的有效水平范围确定。根据 PB 实验设计原则，其取值范围应尽量涵盖每个因子允许取值的最大空间[169]，因此，采用 4.3 节单因素寻优实验结果中最高和最低浸出率响应值对应的因素取值作为本节依据。以 Ni、Co、Mn 和 Li 的浸出率的平均值为响应值，进行二水平 PB 实验设计，得到的实验因素与水平见表 4-4。

表 4-4　Plackett-Burman 实验设计因素水平及编码

变　量	代　码		编码水平	
	编码	未编码	−1	+1
微波功率 P/W	x_1	X_1	240	640
浸出时间 $t/\min$	x_2	X_2	5	30
酸用量/mol·L^{-1}	x_3	X_3	0.25	0.75
固液比/g·mL^{-1}	x_4	X_4	5	30
搅拌转速/r·min^{-1}	x_5	X_5	100	600
恒温温度/℃	x_6	X_6	50	80

根据表 4-4 设计的因素和水平值，采用 Design-Expert 软件辅助设计实验，并对各组实验的响应值即浸出率进行测试，结果见表 4-5。

表 4-5   Plackett-Burman 实验设计及响应值

序号	微波功率/W	浸出时间/min	酸浓度/mol·L⁻¹	固液比/g·mL⁻¹	恒温温度/℃	搅拌转速/r·min⁻¹	平均浸出率/%
1	1	1	−1	−1	−1	1	96.31
2	1	−1	−1	−1	−1	−1	76.20
3	1	−1	−1	1	1	−1	84.61
4	−1	1	1	−1	1	−1	77.6
5	1	1	1	1	−1	1	90.65
6	−1	1	1	1	1	−1	87.65
7	−1	1	1	−1	−1	1	83.96
8	1	−1	1	1	−1	−1	84.63
9	1	1	−1	1	−1	1	92.46
10	−1	−1	1	1	−1	1	79.69
11	−1	1	−1	−1	1	−1	77.63
12	1	−1	1	−1	1	1	84.63

通过对表 4-5 中实验数据进行方差分析，得到 PB 实验设计方差结果。

由表 4-6 显著性检验分析可知，对电极材料浸出效果影响显著的因子有搅拌转速（$p=0.0148$）、反应时间（$p=0.0413$）和微波功率（$p=0.0077$）。因此在工艺优化实验设计中，选择这 3 个因素作为考察因素，以 BBD 响应面法对电极材料的浸出工艺进行优化设计，探求最佳工艺条件及实验效果。

表 4-6   实验回归方程显著性检验表

常规项	平方和	自由度	均方	p 值	F 值	显著性
微波功率 P/W	220.84	1	220.84	0.0077	129.11	**
浸出时间 t/min	38.90	1	38.90	0.0413	22.74	*
酸浓度/mol·L⁻¹	3.7	1	3.7	0.2792	2.16	
固液比/g·mL⁻¹	1.32	1	1.32	0.4719	0.77	
恒温温度/℃	1.2	1	1.2	0.4908	0.7	
搅拌转速/r·min⁻¹	113.03	1	113.03	0.0148	66.08	*

注：显著性判断依据：** —$p<0.001$，较显著；* —$p<0.05$，显著。

4.5 Box-Behnken 设计优化浸出工艺

由 4.4.2 节各因素的 PB 二水平析因分析已知，浸出过程中搅拌转速、反应时间和微波功率是影响浸出效果的显著因素。基于以上实验结果，对 3 个显著因素进行了响应面分析，所获得 Ni、Co、Mn 和 Li 的浸出实验因素水平编码见表 4-7，试验过程中其他实验条件固定为固液比 15g/L 和酸浓度 0.75mol/L。

表 4-7 浸出过程实验因素 BBD 因素水平

考察因素	符号	水 平		
		−1	0	+1
微波功率/W	X_1	240	400	640
搅拌转速/r·min^{-1}	X_2	400	500	600
反应时间/min	X_3	15	25	35

以 Ni、Co、Mn 和 Li 浸出率为响应值（Y_{Ni}、Y_{Co}、Y_{Mn} 和 Y_{Li}），采用 BBD 响应面法对显著影响电极材料浸出的三个因素：微波功率、反应时间和搅拌转速进行实验设计和分析。实验因素水平见表 4-8，其他工艺条件取值为：固液比 15g/L、酸浓度 0.75mol/L。浸出实验由 17 组实验组成，包含 5 组中心点实验，为准确获得各金属元素的浸出率，表格中的浸出实验结果以各组实验的 3 次重复实验平均值获得。

表 4-8 浸出过程 BBD 实验方案设计及结果

实验序号	独立变量			浸出率 Y/%			
	X_1（微波功率）/W	X_2（转速）/r·min^{-1}	X_3（时间）/min	Ni	Co	Mn	Li
1	0	1	−1	83.35	94.56	78.49	97.25
2	−1	1	0	85.98	93.69	83.36	95.98
3	0	0	0	84.35	90.24	77.54	91.96
4	1	0	−1	92.85	90.69	84.36	93.64
5	0	0	0	84.35	90.24	77.54	91.96
6	0	0	0	84.35	90.24	77.54	91.96
7	1	−1	0	90.65	90.78	87.75	90.28
8	0	1	1	88.84	98.48	81.96	96.96
9	1	1	0	96.57	96.47	92.47	98.95
10	0	−1	1	86.96	90.24	84.63	85.63

续表 4-8

实验序号	独立变量			浸出率 Y/%			
	X_1（微波功率）/W	X_2（转速）/r·min^{-1}	X_3（时间）/min	Ni	Co	Mn	Li
11	−1	0	−1	79.69	87.96	71.85	86.47
12	−1	−1	0	76.95	89.24	75.96	84.65
13	0	0	0	84.35	90.24	77.54	91.96
14	0	−1	−1	82.65	86.49	71.36	82.96
15	−1	0	1	84.65	88.99	82.63	90.65
16	1	0	1	94.75	91.36	96.48	92.69
17	0	0	0	84.35	90.24	77.54	91.96

对表 4-8 实验数据进行多元回归拟合和方差分析，由表 4-9 结果可知，各金属浸出拟合模型的决定系数 R^2 值均大于 0.95，表明模型能够充分反映所选参数之间的关系。此外，各模型中失拟项的 p 值均大于 0.05，方程的拟合程度较好，由此可知在本节所设定的因素水平范围内，模型对电极材料金属浸出率有良好的预测。

表 4-9 实验结果方差分析表（ANOVA）

方差来源	平方和				自由度	p 值			
	Ni	Co	Mn	Li		Ni	Co	Mn	Li
模型	402.24	136.37	702.54	319.29	9	<0.0001	0.0020	<0.0001	<0.0001
X_1	282.63	11.09	279.19	41.50	1	<0.0001	0.0233	<0.0001	<0.0001
X_2	55.86	87.45	34.36	252.45	1	0.0004	<0.0001	0.0059	<0.0001
X_3	21.29	10.97	196.42	3.56	1	0.0059	0.0238	<0.0001	0.0470
$X_1 X_2$	2.42	0.38	1.80	2.36	1	0.2298	0.6071	0.4021	0.0913
$X_1 X_3$	2.34	0.032	0.45	6.58	1	0.2366	0.8802	0.6691	0.0137
$X_2 X_3$	1.48	0.072	24.01	2.61	1	0.3382	0.9432	0.0138	0.0785
X_1^2	24.46	0.16	153.23	0.74	1	0.0041	0.7401	<0.0001	0.3097
X_2^2	2.55	26.29	7.25	0.15	1	0.2191	0.0030	0.1162	0.6367
X_3^2	6.32	0.37	0.28	9.68	1	0.0710	0.6140	0.7354	0.0054
残差	9.78	9.29	15.80	4.31	7				
失拟项	9.78	9.29	15.80	4.31	3				
纯误差	0.000	0.000	0.000	0.000	4				
总和	412.03	145.66	718.34	323.60	16				
拟合度	0.9457	0.9365	0.9497	0.9696	R^2	0.9763	0.9596	0.9780	0.9867

由表4-6各金属浸出率拟合模型的显著性检验可知，各模型均具有极强的显著性。其中，微波功率 X_1 对 Ni、Mn 和 Li 的浸出效果有极为显著的影响（$p<0.0001$），搅拌转速 X_2 对 Co 和 Li 具有极其显著的影响（$p<0.0001$），浸出时间 X_3 对 Mn 浸出具有极强显著性；微波功率的二次项 X_1^2 对浸出有显著影响。采用式（4-10）对所示3个变量进行了多项式回归分析，并得到式（4-11）~式（4-14)所示方程，建立了浸出率与独立变量微波功率 X_1、搅拌转速 X_2 和浸出时间 X_3 之间的二次关系：

$$Y_{Ni} = 84.35 + 5.94X_1 + 2.64X_2 + 1.63X_3 - 0.78X_1X_2 - 0.77X_1X_3 -$$
$$0.61X_2X_3 + 2.41X_1^2 + 0.78X_2^2 + 1.22X_3^2 \tag{4-11}$$

$$Y_{Co} = 90.24 + 1.18X_1 + 3.31X_2 + 1.17X_3 + 0.31X_1X_2 - 0.09X_1X_3 +$$
$$0.04X_2X_3 - 0.19X_1^2 + 2.50X_2^2 - 0.30X_3^2 \tag{4-12}$$

$$Y_{Mn} = 77.54 + 5.91X_1 + 2.07X_2 + 4.96X_3 - 0.67X_1X_2 + 0.34X_1X_3 -$$
$$2.45X_2X_3 + 6.31X_1^2 + 1.31X_2^2 + 0.26X_3^2 \tag{4-13}$$

$$Y_{Li} = 91.96 + 2.28X_1 + 5.62X_2 + 0.67X_3 - 0.77X_1X_2 - 1.28X_1X_3 -$$
$$0.81X_2X_3 + 0.42X_1^2 + 0.19X_2^2 - 1.52X_3^2 \tag{4-14}$$

由表4-10二次多项式模型的预测值及置信区间可知，通过 Box Behnken 设计拟合的二次多项式模型与实际实验值非常接近，说明该模型在微波功率 240~640W、搅拌转速 400~600r/min、时间 15~35min 区间内具有良好的预测作用。通过 Design Expert 的预测功能获得优化实验条件，并综合表4-10中最佳浸出条件，在微波功率 640W、搅拌转速 500r/min 和 35min 条件下，得出金属元素 Ni、Co、Mn 和 Li 最佳浸出率预测值为 98.45%、97.84%、97.23% 和 98.96%，此时期望函数达到 0.995，说明该模型可靠性较高。在该优化条件下实施 3 次平行实验进行验证，分别得到 Ni、Co、Mn 和 Li 平均浸出率（97.84±0.79）%、（98.01±0.91）%、（98.16±0.78）% 和（98.29±0.97）%，接近模型预测值，说明该模型具有良好的实用意义。

表 4-10　二次多项式模型的预测值及置信区间

元素	最佳预测条件			结果置信区间		
	X_1/W	X_2/r·min^{-1}	X_3/min	95%低 CI/%	95%高 CI/%	验证/%
Ni	636	484	33	97.58	98.95	98.27
Co	635	517	34	96.77	97.46	97.11
Mn	637	502	32	96.45	97.84	97.24
Li	632	509	35	98.21	99.17	98.42

4.6　响应面模型建立及分析

4.6.1　微波功率和搅拌转速的交互作用

为了更好地展示各因素对电极材料浸出效果的交互影响，根据 4.5 节 BBD 分析所得的二阶模型多项式绘制浸出率与各实验因素的三维曲面图，对各因素的交互作用进行评价，图中各因素变量采用代码（−1~1）表示。图 4-10 为微波功率与搅拌转速交互影响下各金属浸出率的响应曲面图及其二维投影等高线，时间固定在 25min。由图 4-10 可见，微波功率、搅拌转速及浸出率三者呈二次函数关

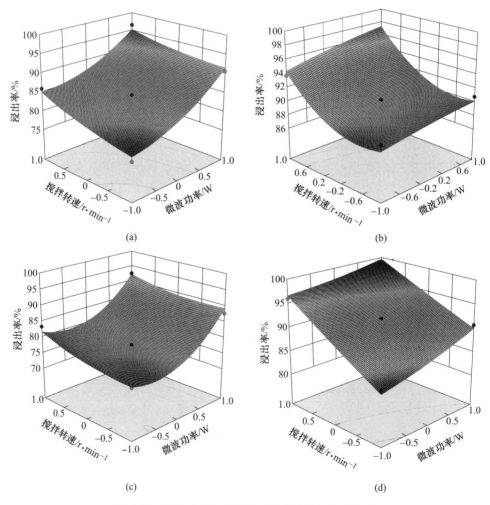

图 4-10　微波功率与搅拌转速对浸出率的交互影响

（a）Ni；（b）Co；（c）Mn；（d）Li

系，当固定其中一个因素时，各金属的浸出率随着另一因素的增大而增大；对于 Ni 和 Mn，与搅拌转速相比，微波功率效应曲面较陡，且其等高线密度明显高于沿搅拌转速升高的密度，说明微波功率对 Ni 和 Mn 浸出率影响更显著，而搅拌转速对 Li 和 Co 的浸出影响更为显著。

4.6.2 微波功率和时间的交互作用

图 4-11 为微波功率与时间交互影响下各金属浸出率的响应曲面图，搅拌转速固定 500r/min。由图 4-11 可见，微波功率-时间-浸出率三者呈二次函数关系，对于 Ni 和 Mn，当固定其中一个因素时，各金属的浸出率随着另一因素的增大而增大；而对于 Co 和 Li，因素对浸出率的影响并无其他金属明显；与时间相比，

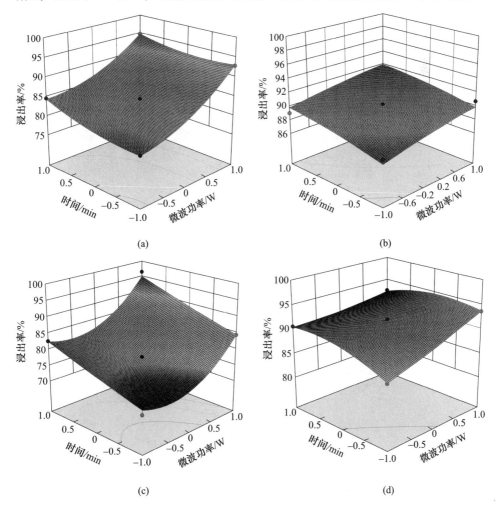

图 4-11　微波功率与时间对金属浸出率的交互影响

（a）Ni；（b）Co；（c）Mn；（d）Li

微波功率效应曲面较陡，且其等高线密度明显高于沿时间升高的密度，说明微波功率对各金属浸出率影响更加显著。且由图 4-11（b）可知，微波功率与时间交互作用对 Co 的浸出率影响较其他金属不够显著。

4.6.3 搅拌转速和时间的交互作用

图 4-12 为搅拌转速和时间交互影响下各金属浸出率的响应曲面图，微波功率固定在 640W。由图 4-12 可见，浸出时间-搅拌转速-浸出率三者呈二次函数关系，对于 Co 和 Li，当固定其中一个因素时，各金属的浸出率随着另一因素的增大而增大；而 Ni 和 Mn 随参数的增大浸出率变化不如其他金属明显；与搅拌转速相比，时间效应曲面较陡，且其等高线密度明显高于沿温度升高的密度，说明时间对浸出率影响更加显著。且由图 4-12（a）和（c）可知，搅拌转速与时间交互作用对 Ni 和 Mn 的浸出率影响较其他金属不够显著。

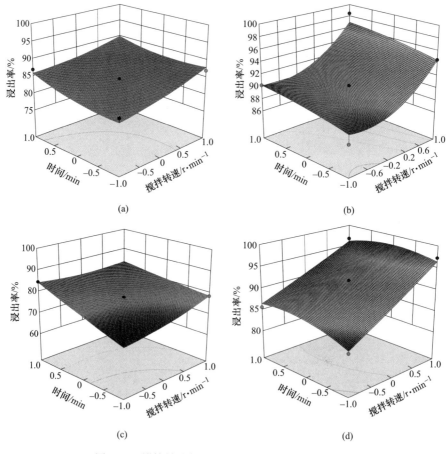

图 4-12 搅拌转速与时间对金属浸出率的交互影响

(a) Ni；(b) Co；(c) Mn；(d) Li

通过 BBD 实验设计的方程分析和 3D 响应面可以看出：操作因素对 Li 和 Co 浸出率的影响顺序为：搅拌转速>微波功率>反应时间；操作因素对 Ni 浸出率的影响顺序为：微波功率>搅拌转速>反应时间；操作因素对 Mn 浸出率的影响顺序为：微波功率>反应时间>搅拌转速。

4.7 电极材料浸出动力学

浸出作为冶金过程的重要单元操作，对整个系统的效能具有重要影响，浸出率的大小是评价浸出工艺的重要依据。因此，对不同影响因素的分析和控制步骤的判定是剖析反应机理的重要工作。通过建立反应速率和时间的数学模型，分析不同实验因素对反应速率的影响，以优化动力学条件，最终实现提高电极材料浸出效果的目标。

4.7.1 浸出动力学基础

电极材料的浸出系固液非催化反应，通常浸出速度由两方面决定：首先，与反应物浓度和温度等因素有关，这些因素在浸出过程中会随反应的进行发生变化；同时，也与固膜扩散速率有关，整个反应的控制过程是由最慢的一步决定的，必须从实验结果来判断[176]。当反应的控制步骤不同时，温度对固相颗粒浸出行为的影响是不同的。

浸出过程的速度一般用式（4-15）表示。为了便于简化浸出模型的条件和参数求解，基于固液反应机理[104,110]对本节内容进行了以下假设：（1）固相为球状颗粒，且物质在各部分分布均匀；（2）浸出过程为一级不可逆反应；（3）液相中固液分子的扩散均服从菲克定律；（4）反应前后固相的孔隙率及曲折因子不随时间而改变；（5）反应过程中，物质自身热效应可忽略不计，假定浸出反应在恒温条件下进行[177-178]。

$$dG/dt = -JS \qquad (4-15)$$

式中，G 为被浸出物质的量，mol；J 为单位时间和固相表面积上转移到溶液中的物质的量，mol；S 为液相和固相组分接触面积，m^2。

假设浸出反应为基元反应，其表达式见式（4-16）。

$$A(fluid) + B(solid) \longrightarrow C(fluid) + D(solid) \qquad (4-16)$$

式中，A 为浸出剂；B 为固相反应物；C 和 D 为生成产物，其中 C 为流体产物、D 为固体产物。

通常，可将浸出过程假设为五个阶段[176]：（1）液相中反应物穿过固相表面的液膜层，向表面扩散；（2）透过固相表面，反应物分子继续向内部传质；（3）固液相界面的化学反应；（4）生成物分子向液相主体中扩散；（5）被溶解物经过固相表面上的液膜层向溶液内扩散（见图4-13）。上述5个反应步骤中，反应最慢、阻力最大的一个步骤即为浸出反应的控制步骤[178-179]。

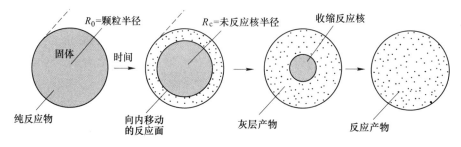

图 4-13 缩合模型示意图[176]

4.7.2 浸出控制过程

根据固液非均相反应过程颗粒的形态变化，通常将浸出过程归纳为致密球形颗粒模型[32,179]和收缩核模型[180-181]；收缩核模型又分为粒径恒定和粒径缩小两种。前者反应后由于在颗粒表面生成致密膜层，造成颗粒粒径不变；后者随反应进行由于固相组分在液相中溶解造成颗粒粒径不断缩小。而对于实际物料的浸出过程，在杂质的影响下，固体表面均会产生一层固体膜层。如果此膜层致密，物质不易在其中穿过，则扩散过程为整个反应速率的控制步骤；如果反应后固体生成物表面疏松多孔，且分子极易通过，则反应过程受化学反应控制[142-143]。不同控制步骤的特点可由以下模型描述[143]：

（1）控制步骤为化学反应控制：

$$1 - (1 - X)^{1/3} = kt \qquad (4-17)$$

（2）控制步骤为内扩散控制：

$$1 - 3(1 - X)^{2/3} + 2(1 - X) = kt \qquad (4-18)$$

（3）控制步骤为混合控制：

$$1 - (1 - X)^{1/3} + k_1\left[1 - \frac{2X}{3} - (1 - X)\right] = kt \qquad (4-19)$$

通过实际浸出实验得到浸出率与时间和温度的关系，然后将浸出率代入上述模型，通过线性回归拟合动力学曲线，进而求得动力学数据；所得到的各拟合直线的斜率即为相应条件下的反应速率常数 k，与绝对温度 T 的关系可用 Arrhenius 公式（4-20）表示：

$$k = A \cdot \exp\left(-\frac{E_a}{RT}\right) \qquad (4-20)$$

式中，k 为反应速率常数；A 为频率因子；E_a 为反应表观活化能，kJ/mol；R 为摩尔气体常数，$R = 8.3145$J/(mol·K)。将公式（4-21）两边取对数，得

$$\ln k = \ln A - \frac{E_a}{RT} \tag{4-21}$$

式（4-21）即为浸出动力学过程表观活化能 E_a 的求解依据，将 $\ln k$ 与绝对温度 T 作图，所得直线斜率为 $-E_a/R$，即可求出 E_a 值，其大小是判断反应控制步骤的有力依据。

4.7.3 浸出动力学模型建立

电极材料的浸出通常可被看作发生在颗粒表面的固液非均相反应，随着浸出反应的持续进行，固相表面成分溶解至液相中，液相中浓度逐渐增大。在以往的浸出反应动力学中，浸出液的浓度通常被假设为不变的[182]，而实际浸出反应过程中，液相浓度 C 对浸出体系的反应速度影响极大，是不可忽略的重要因素。根据 4.7.1 节假定反应为一级反应，物料颗粒为球状，电极材料为球形颗粒，半径为 r，未经反应原料 r_0，质量为 W_0，材料为密度 ρ_0，摩尔体积为 V_m，即时浸出效率 X，溶剂的初始浓度为 C_0，浸出过程中溶液浓度为 C，颗粒的初始质量和即时质量分别为 m_0 和 m。n 和 S 代表未溶解的颗粒总物质量（mol）和体积（m^3）。

浸出率：
$$X = \frac{m_0 - m}{m_0} = 1 - \frac{r^3}{r_0^3} \tag{4-22}$$

对式（4-22）求导得
$$\frac{dX}{dt} = -\frac{3r^2}{r_0^3} \cdot \frac{dr}{dt} \tag{4-23}$$

本节考虑到浸出过程体系中即时浓度变化 $C = C_0(1-X)$

物料物质的量：
$$n = \frac{4\pi r^3}{3V_m} \tag{4-24}$$

对式（4-24）求导可得
$$\frac{dn}{dt} = d\left(\frac{4\pi r^3}{3V_m}\right)/dt = 4\pi r^2 \frac{\rho}{M_r}\frac{dr}{dt} \tag{4-25}$$

假定浸出反应过程受扩散模型控制，扩散速率可由式（4-26）求解，其中 D 代表有效扩散常数。

固膜扩散速率：
$$v = -\frac{dC}{dt} = D\frac{dC}{dr} \tag{4-26}$$

反应速率=固膜×表面积：
$$\frac{dn}{dt} = -D\frac{dC}{dt}S = -4\pi r^2 D\frac{dC}{dt} \tag{4-27}$$

对式（4-27）两边积分可得式（4-28）。
$$\frac{dn}{dt} = -\frac{DC}{r_0 - r} \cdot 4\pi r r_0 \tag{4-28}$$

将式（4-28）代入式（4-24）和式（4-25），得到式（4-29）。
$$\frac{dr}{dt} = -k\frac{M_r}{\rho}\frac{DC}{r - r_0}\frac{r_0}{r} \tag{4-29}$$

将式（4-29）代入式（4-23），对浸出效率模型进行参数替换，即可得式（4-30）。

$$\frac{\mathrm{d}X}{\mathrm{d}t} = \frac{3r^2}{r_0^3}\frac{DC}{r_0-r}\frac{M_r}{\rho}\frac{r_0}{r} = \frac{3}{r_0^2}\frac{M_r}{\rho}DC_0\left(\frac{r}{r_0}\right)^3\frac{r}{r_0}\frac{1}{1-\dfrac{r}{r_0}} = k\frac{(1-X)^{\frac{4}{3}}}{1-(1-X)^{\frac{1}{3}}} \quad (4\text{-}30)$$

为简化模型，对式中物质的物理常数进行整体代入，将式（4-30）两边同时积分，即可得到式（4-31）。

$$\int_0^X \frac{1-(1-X)^{\frac{1}{3}}}{(1-X)^{\frac{4}{3}}}\mathrm{d}X = \int_0^t k\mathrm{d}t \quad (4\text{-}31)$$

对式（4-31）积分式进行求解，所得式（4-32）即为动力学修正模型

$$1-(1-X)^{-\frac{1}{3}}-\frac{1}{3}\ln(1-X) = Kt \quad (4\text{-}32)$$

式（4-32）即为修正后的缩合模型，与未修正的缩合反应模型式（4-17）~式（4-19）相比，该模型考虑了固相体系浓度随反应进行逐渐降低的实际情况，对物料的即时浓度进行了修正 $C=C_0(1-X)$，此模型可适用于实际固液非均相反应体系的速率方程。

4.7.4 微波辅助电极材料浸出动力学分析

为了提供浸出动力学计算所需基础数据，本节考察了反应温度和时间对电极材料中金属浸出率的影响。实验过程中固定因素固液比 15g/L、搅拌转速 500r/min 及酸浓度 0.75mol/L，反应温度变化范围为 20~60℃、反应时间 10~50min，各金属元素的浸出结果如图 4-14 所示。由图 4-14 可知，对于不同金属，反应时间和温度对浸出效果的影响有一定差别；Ni 和 Co 的浸出率随反应时间的延长增大趋势并不如 Mn 和 Li 显著。此外，对于同一反应时间下，温度对各金属浸出率的影响均较为显著。

根据图 4-14 不同时间和温度下各金属的浸出率，将浸出率数值按式（4-27）模型修正后对时间 t 作图，结果如图 4-15 所示。并对各模型的数据进行线性拟合，由拟合结果参数及模型拟合度 R^2 可知，各金属的浸出率模型均具有良好的线性关系，拟合度均超过 0.95。因此，修正后的缩合模型能够准确地描述 Ni、Co、Mn 和 Li 的浸出过程。对各金属不同温度下浸出动力学模型进行回归分析，通过各温度下方程得出浸出模型的斜率求得反应速率常数 $\ln k$。

通常由浸出反应活化能数值判定浸出过程的速率控制步骤，根据 4.7.1 节介绍已知，可由式（4-15）和式（4-16）阿伦尼乌斯方程计算表观活化能 E_a。以

图 4-14 各金属的拟合结果 $\ln k$ 对绝对温度 $1000/T$ 作图并进行线性拟合，得到各直线的斜率为 $-E_a/R$，拟合结果如图 4-16 所示。依照相同的方法对常规加热方式

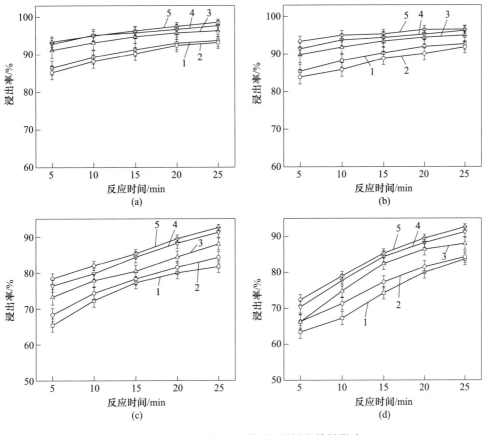

图 4-14 反应时间和温度对金属浸出效果影响

（a）Ni；（b）Co；（c）Mn；（d）Li

1—20℃；2—30℃；3—40℃；4—50℃；5—60℃

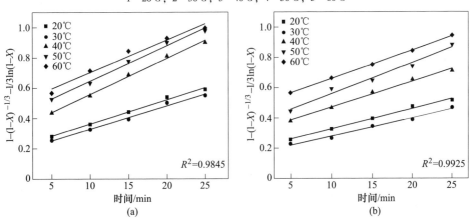

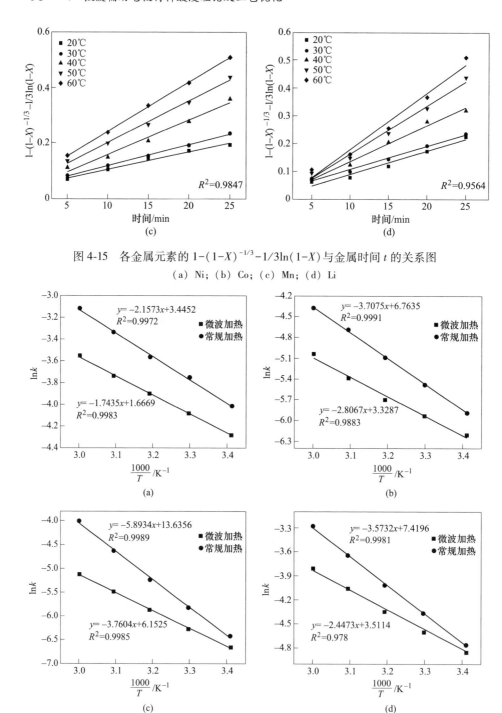

图 4-15 各金属元素的 $1-(1-X)^{-1/3}-1/3\ln(1-X)$ 与金属时间 t 的关系图

（a）Ni；（b）Co；（c）Mn；（d）Li

图 4-16 各金属元素的 $\ln k\text{-}T^{-1}$ 关系图

（a）Ni；（b）Co；（c）Mn；（d）Li

浸出活化能进行求解，由图 4-16 可知阿伦尼乌斯方程对 Ni、Co、Mn 和 Li 4 种元素均有很好的线性拟合结果，拟合度 R^2 均大于 0.95。通过拟合直线的斜率，可以计算 Ni、Co、Mn 和 Li 4 种元素的表观活化能 E_a 分别为 14.50kJ/mol、23.34kJ/mol、31.27kJ/mol、20.35kJ/mol。4 种元素的活化能值均介于 12~30kJ/mol，表明电极材料的浸出过程受化学反应和扩散共同控制。此外，与常规热解条件相比，微波辅助还原焙烧反应下各金属的活化能较低，此时浸出反应更容易发生。

4.7.5 浸出残余物的微观性质分析

为了进一步分析电极材料浸出反应控制过程，从残余物的微观性质表征角度对浸出反应控制过程进行实验验证，借助 SEM、XPS 和 HRTEM 对浸出残余物的表面形貌、金属元素赋存状态及内部微观结构进行研究，实验对象为不同时间下的浸出残余物。采用 XPS 表征电极材料在不同浸出时间下残余物表面 Ni、Co、Mn 和 Li 元素的分布情况和化学态进行分析，结果如图 4-17 所示。由结果可知，随着反应的进行，浸出残余物表面 Li、Co、Ni、Mn 元素的 XPS 峰位逐渐减弱，最终在图谱中消失；各元素特征峰的减弱说明在浸出过程中固体物料中各金属元素不断向溶液中转移，造成固相中金属浓度降低，而液相中金属离子浓度不断提高；说明浸出反应的生成物并未以固相的致密膜层在颗粒表面富集，这也验证了动力学分析结果，产物在液相中溶解，以离子态转移到浸出液中，浸出过程符合粒径缩小的缩核模型。

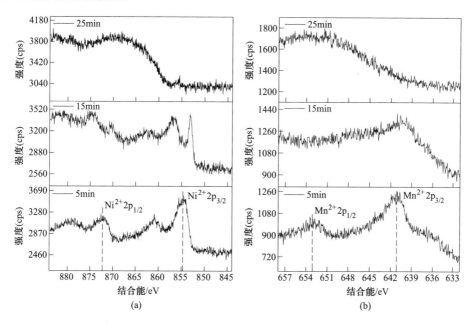

(a)　　　　　　　　　　　　(b)

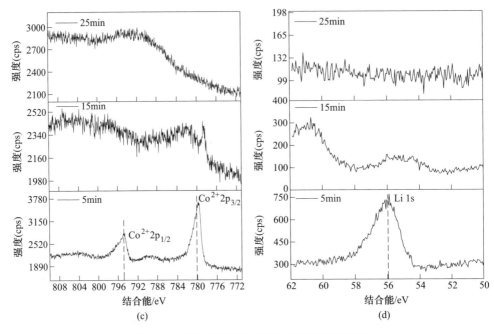

图 4-17 不同时间浸出残余物的 XPS 窄扫图谱

(a) Ni 2p；(b) Mn 2p；(c) Co 2p；(d) Li 1s

图 4-18 为不同浸出反应时间下浸出残余物的 SEM 图像，由结果可知，浸出后颗粒表面呈现腐蚀形貌且表面形成一层疏松的固膜，这是由电极材料中未反应的杂质附着颗粒表面造成的；随着反应的持续进行，颗粒的结构有序度不断降低。此外，随着反应进行，浸出残余物的颗粒分散程度不断提高，形貌更加不规则。浸出反应在固体颗粒表面逐渐向内部延伸，经反应后的颗粒表面逐渐向内部靠近，而颗粒的尺寸并没有出现明显降低，而是在表面形成一层疏松的絮状固体层。由以上分析结果可知，在实际浸出过程中，固体反应物尺寸变化不显著，形成一层疏松的固体层，此时反应物和产物极易通过。因此，通过反应后颗粒的形貌分析可知，电极材料浸出过程符合粒度减小的收缩核模型，这与动力学计算的表观活化能是一致的。

借助 TEM 进一步研究了电极材料浸出残余物的内部微观结构，结果如图 4-19 所示。图 4-19（a）和（b）为浸出前后物料的 TEM 图像，可见浸出前颗粒的整体结构完整、边缘光滑，而经浸出反应后颗粒的微观结构呈现无序化，纤维化程度提高。图 4-19（c）和（d）分别为浸出前后物料的高分辨 TEM 图像，对晶体边缘处晶面间距进行量取，二者晶面间距 d 均为 0.255nm，由此可知，物料的物相组成并未发生变化，只是晶体结构和形貌发生了变化。由图 4-19（d）和（f）可见，在晶体边缘处由于酸浸出反应出现晶格残缺和配位不全，晶格条

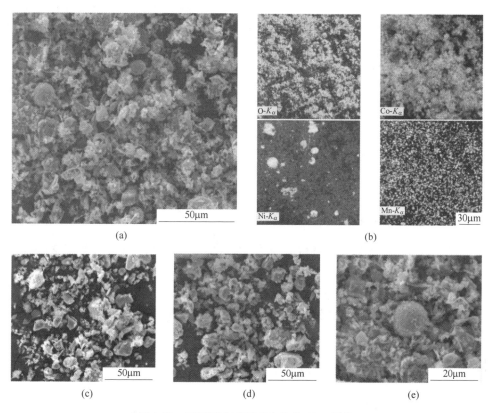

图 4-18 不同浸出时间残余物的 SEM 图像

(a) 20min；(b) EDS 能谱；(c) 5min；(d) 10min；(e) 20min

纹呈现无序化增高的趋势。通过以上分析可知，经浸出反应后，固体颗粒表面逐渐被酸腐蚀，形成一层疏松的生成物层，未反应核逐渐向颗粒内部收缩，且在表面无新物质生成；以上关于残余物物相性质分析从实际表征角度验证了电极材料浸出过程符合粒径降低的收缩反应核模型。

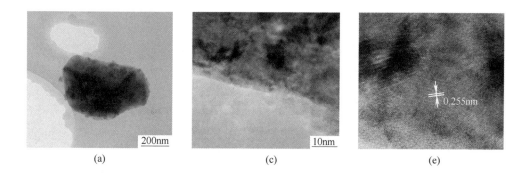

(a)　　　　　　　　　　(c)　　　　　　　　　　(e)

图 4-19　原料与浸出残余物的 TEM 和 HRTEM 图像

（a）（c）（e）原料的 TEM 和 HRTEM 图像；（b）（d）（f）浸出产物的 TEM 和 HRTEM 图像

4.7.6　微波强化电极材料浸出理论模型

通过对浸出产物的表征分析可知，在微波辅助作用下，电极材料在晶体边缘处由于酸浸出反应出现晶格残缺和配位不全，晶格条纹呈现无序化增高的趋势，且颗粒的形貌出现腐蚀状态的多孔结构；生成物以离子态向溶液中扩散，电极材料表面元素含量不断降低，浸出过程受化学反应控制。依据还原焙烧理论和本章浸出研究，提出了微波强化电极材料还原焙烧和浸出全过程的理论模型，如图 4-20 所示。首先，微波强化电极材料浸出过程在热效应方面体现在微波的选择性

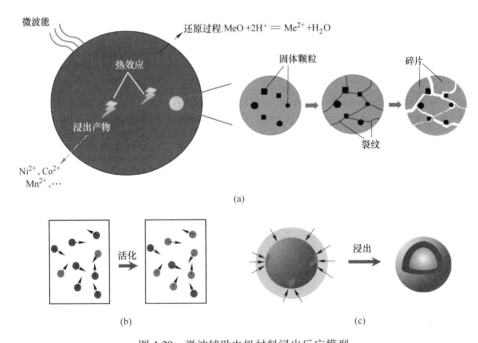

图 4-20　微波辅助电极材料浸出反应模型

（a）还原焙烧（宏观尺度）；（b）分子活化（非热效应）；（c）浸出模型（微观尺度）

加热行为，导致颗粒间边界断裂或产生裂纹，裂纹和孔隙的产生不仅有利于物料内部的热量传递，促进浸出反应过程的进行，如图 4-20 浸出模型的第 1 步骤微波热效应所示。

由以上浸出动力学数据，相比于常规加热，经微波辅助浸出电极材料的表观活化能被降低；通常，根据反应系统的活化能估计反应过程中分子发生有效碰撞的最小能量要求，即正极材料中的金属元素若要从固相转移至液相，必须要获得一个能量 E_a 以达到活化状态。在微波作用下，电极材料中活化分子的百分数相比处理前增加，其有效碰撞次数得以增加，说明微波可以显著增强反应物活性，如图 4-20 电极材料的分子活化所示。因微波作用而使物料反应活性增强，一方面对物料在微观尺度起到扰动和离子扩散作用，使其在反应动力学层面优于常规加热方式，并在颗粒表面产生活性位点[88-89]。同时在分子尺度上，微波对极性分子有较强的激活、极化和耦合共振作用，使离子与电子位移极化同时存在并起相互作用，使分子内电子发生能级跃迁，晶体内部离子的电子壳层发生强烈变形，这使得样品中"内电场"显著增强，因而具有高的介电常数，从而促进化学键断裂，这些都直接带来反应的活化能降低[180]。

4.8　退役电极材料浸出工业实践探索

基于以上实验室研究结果，得到了电极材料浸出最佳工艺条件，本节以电极材料还原焙烧和浸出实验所探求的最佳实验条件为基础，对回收工艺进行了工业级放大。以江门市某环保科技有限公司年加工 6000t 退役锂离子电池粉工艺成套装备为工业实验系统，以酸浸区域为中试主要实验平台，其厂区设备布置图如图 4-21 所示，回收工艺流程如图 4-22 所示。实验对象为工业级退役电池破碎产品 -0.25mm 粉末，由该公司自产，其原料中各金属元素含量见表 4-11。将原工艺中的酸体系改为葡萄糖酸，其他工艺条件不变。在此条件下，得出了金属元素 Ni、Co、Mn 和 Li 浸出率为 91.47%、92.65%、92.82% 和 95.42%，将此浸出结果与实验室浸出实验对比，各金属元素的浸出率可较好地达到工业级别回收效果。

表 4-11　电极材料中试回收实验结果

元　素	Li	Co	Ni	Mn
原料中含量/%	7.11	11.86	29.47	16.54
实验室浸出率/%	98.29	98.01	97.84	98.16
中试浸出率/%	95.42	92.65	91.47	92.82

通过中试结果可知，将前期实验室结果按照实际工业水平放大具有一定可行性，由于实际工艺条件下物料在设备中有一定滞留，造成浸出结果差于实验室研究，但实验结果相差较小；且葡萄糖酸属于弱酸，浸出体系属于温和条件浸出，对于工业设备的保护和达到环保要求是有利的。

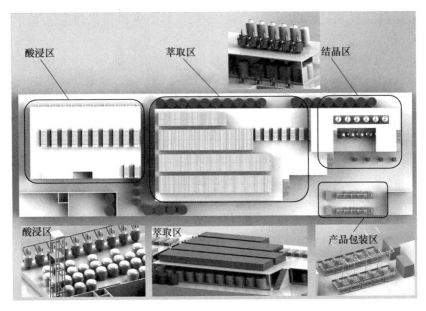

图 4-21　厂区设备布置模型图

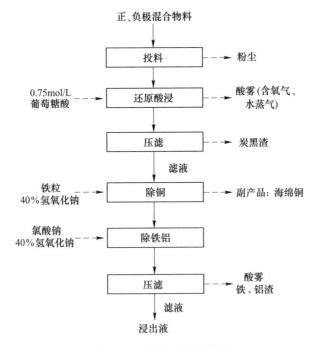

图 4-22　回收工艺流程图

5 LiNi$_{1/3}$Co$_{1/3}$Mn$_{1/3}$O$_2$ 三元材料再生实验

通过第 3 章和第 4 章内容，已将退役锂离子电池电极材料经过微波辅助还原焙烧和湿法浸出处理，得到了富含金属离子的浸出液。浸出液中 Ni、Co 和 Mn 的化学性质非常接近，将其完全从溶液中分离是极为困难的，导致分离效果不理想，通常需要伴随复杂的萃取和沉淀工艺，回收成本较高。Co 和 Li 元素作为我国战略资源由于储备不足，大量依赖进口，且其用于锂离子电池制造分别占 80% 和 50%。因此，考虑将退役锂离子电池回收废料直接用于新电极材料的再合成，既避免了不必要的分离提纯步骤，也符合节能和环保要求。

在充分掌握电极材料还原焙烧和有价金属浸出行为和机制的基础上，本章从实际废料再利用角度出发，考察了以退役锂离子电池正、负极材料为原料，通过还原焙烧和酸浸联用对其进行处理，采用溶胶-凝胶法以浸出液再制备 LiNi$_{1/3}$Co$_{1/3}$Mn$_{1/3}$O$_2$ 三元材料，提出 LiNi$_{1/3}$Mn$_{1/3}$Co$_{1/3}$O$_2$ 三元材料的再生工艺流程，并揭示相关机理。本章首先介绍了金属离子和有机化合物螯合理论，并对前驱体合成机理进行探究，揭示三元电极材料再生的反应机理；其次叙述了不同煅烧条件对再生电极材料的晶体结构性质的影响，借助 XRD 对不同条件下再合成电极材料的物相组成、晶胞参数和结构性质进行表征，利用高分辨 TEM 对合成材料的晶体内部微观结构进行探索，并利用激光粒度仪和高分辨 SEM 对材料的粒度组成和表面微观形貌进行表征；最后对再合成三元电极材料的电化学性能进行分析，以表征再生材料的电化学应用潜力。

5.1 实 验 方 法

5.1.1 正极材料的液相重组再生

通过浸出实验所得的浸出液继续在 MCR-3 型微波化学反应器中进行 LiNi$_{1/3}$Mn$_{1/3}$Co$_{1/3}$O$_2$ 三元电极材料的再制备实验，实验流程如图 5-1 所示。以浸出过程所得的最佳条件下的浸出液为对象，测定浸出液中 Li$^+$、Co^{2+}、Ni^{2+} 和 Mn^{2+} 4 种离子的浓度，添加 LiNO$_3$、Mn(NO$_3$)$_2$、Ni(NO$_3$)$_2$ 和 Co(NO$_3$)$_2$，使 Co^{2+}、Ni^{2+} 和 Mn^{2+} 的摩尔比为 1:1:1，Li$^+$ 与过渡金属 M(Ni、Co、Mn) 的摩尔比为 1.05:1。均匀混合后，用氨水将溶液 pH 值调节到 7.0，然后将溶液放回微波反应器中，并保持溶液温度为 80℃，在搅拌作用下溶液快速蒸发形成凝胶。将凝胶在 110℃ 鼓风干燥箱中处理 24h，再用马弗炉将其在 450℃ 温度下预烧结 5h，将得到的烧结产品研磨后在不高于 850℃ 温度下再煅烧 6h，冷却后研磨均匀，获得再制备 $LiNi_{1/3}Mn_{1/3}Co_{1/3}O_2$ 三元材料。采用 pH 计测定溶液的 pH 值，并使用标准缓冲液对待测液进行校准，液体温度 268 ~ 408K，分辨率为 0.01（1mV、0.1K）。

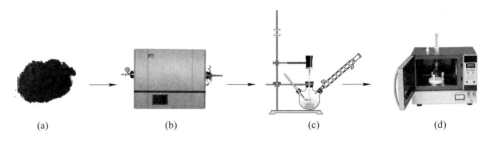

图 5-1　电极材料的浸出和再合成流程

（a）活性电极材料；（b）微波还原焙烧；（c）浸出反应；（d）材料再合成

5.1.2　正极材料的再生与电化学性能测试

5.1.2.1　纽扣电池的组装

制作标准 CR2025 扣式电池（直径为 20mm，厚度 2.5mm），再对再生电极材料的电化学性能进行测试。首先取 2g 黏结剂 PVDF-600 溶于 100mL 有机溶剂 NMP 中，常温下搅拌 6h，再将 16g 正极材料粉末与 2g 乙炔黑导电剂与 NMP 均匀溶解调成料浆。保证电极材料、乙炔黑导电剂和 PVDF 的质量比为 8∶1∶1，并以 500r/min 转速在常温下搅拌 12h，以获得均相的料浆；然后用涂膜器将料浆均匀涂敷在 10μm 厚的铝箔集流体上，置于真空干燥箱中，在 120℃ 下干燥 24h，用切片机冲切成直径 12mm 的圆片，称量并计算电极片上活性材料的质量。负极采用厚度 2mm、直径 16mm 的金属锂片。以上操作在氩气手套箱中完成，电池的组装按图 5-2 所示顺序依次进行，然后用小型液压纽扣电池封口机封口，所制得的 CR2025 扣式电池如图 5-2 所示，然后在手套箱中静置 24h，待性能老化并稳定后进行相关电化学测试。

5.1.2.2　电化学性能测试

采用新威电池测试系统对组装的扣式电池进行恒流充放电测试和循环性能测试，充放电时测试的电压范围为 2.8 ~ 4.5V（相对于 Li/Li^+ 电势），充放电倍率为 0.2C、0.5C、1C、2C 和 5C（对于 $LiNi_{1/3}Mn_{1/3}Co_{1/3}O_2$ 三元材料，1C = 278mA/g）。每组电池电化学性能测试安排 5 组重复实验，以避免操作造成无效纽扣电池。本

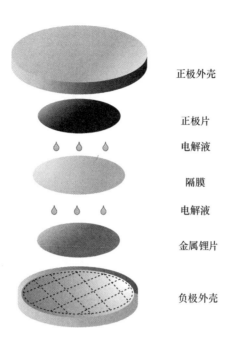

正极外壳

正极片

电解液

隔膜

电解液

金属锂片

负极外壳

图 5-2 扣式电池结构示意图

小节所采用的电池测试系统及制造的 CR2032 扣式电池如图 5-3 所示。本章所采用的实验设备及其技术参数见表 5-1。

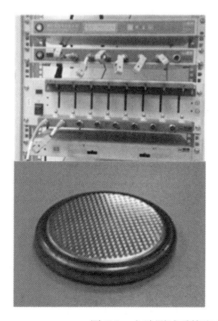

图 5-3 电池测试系统和 CR2032 扣式电池实物图

表 5-1　本章所用设备

设备用途	设备名称	型　号	国别及厂家
电化学性能测试	电池测试系统	CT-4000	深圳新威
	氩气手套箱	Super（1220/750）	上海米开罗那
	纽扣电池封口机	MSK-E110	深圳科晶
	真空干燥箱	DZF-6050	北京莱凯德
	手动切片机	MSK-110	深圳科晶
	涂膜器	KTQ-Ⅱ	青岛科路得

5.2　$LiNi_{1/3}Mn_{1/3}Co_{1/3}O_2$ 前驱体再生机理

5.2.1　金属离子与有机物的螯合反应

通过溶胶凝胶法再制备 $LiNi_{1/3}Co_{1/3}Mn_{1/3}O_2$ 前驱体过程通常经历晶核形成和晶体成长阶段，在浸出液中葡萄糖酸具有较强的螯合效果，可起到与金属离子的配合作用，维持螯合物的形成速率与其成长速度达到动态平衡，以生成颗粒均匀、性能稳定的金属-有机化合物螯合产品。浸出液螯合反应过程中，一个或多个金属离子 A 同时与多个同种阴离子 B 或多种阴离子（或分子）以配位键的方式结合，在液相中形成具有一定稳定性的络合物。络合物的结构通常由内部的中心离子和外部的配位体组成，即所形成的络合离子。在本节所涉及的反应过程中，液相中 Ni、Co 和 Mn 离子在 NH_3H_2O 作用下首先与葡萄糖酸阴离子发生螯合作用，形成有机物和金属离子的配合物，见式（5-1）和式（5-2），其结构如图 5-4 所示。反应过程中金属离子与 $NH_3 \cdot H_2O$ 的反应及与有机酸螯合凝胶的过程见式（5-1）和式（5-2）。

$$1/3Ni^{2+} + 1/3Co^{2+} + 1/3Mn^{2+} + nNH_3 \cdot H_2O \longrightarrow$$
$$\left[Ni_{1/3}Co_{1/3}Mn_{1/3}(NH_3)_n \right]^{2+} + nH_2O \tag{5-1}$$

$$\left[Ni_{1/3}Co_{1/3}Mn_{1/3}(NH_3)_n \right]^{2+} + C_6H_{11}O_7^- \longrightarrow$$
$$(Ni_{1/3}Co_{1/3}Mn_{1/3})(C_6H_{11}O_7)_2 + nH_2O + NH_3 \tag{5-2}$$

5.2.2　中间体、前驱体的制备生成机理

通过持续加热浸出液使金属离子与有机物葡萄糖酸发生螯合反应，生成凝胶螯合物，将凝胶在 450℃下预烧结，将材料中有机组分经高温脱除，螯合物中的金属离子在此条件下重组，生成三元过渡金属氧化物 $(Ni_{1/3}Co_{1/3}Mn_{1/3})_3O_4$，而 Li 的葡萄糖酸盐也在 450℃下发生分解生成 Li_2O，该过程涉及的化学反应见

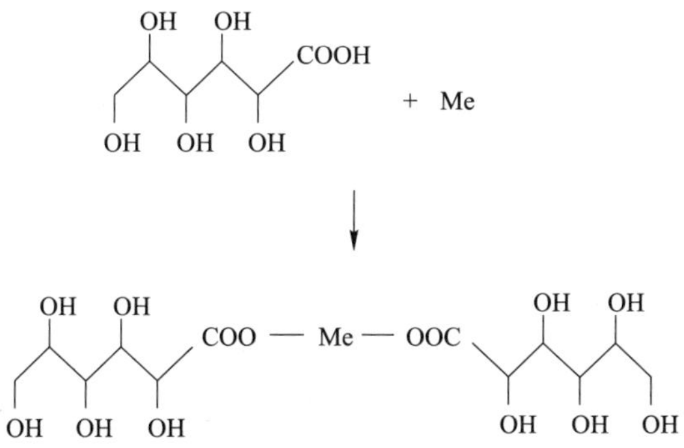

图 5-4 葡萄糖酸和金属离子的络合方式

式（5-3）；$(Ni_{1/3}Co_{1/3}Mn_{1/3})_3O_4$ 中间体与 Li_2CO_3 混合物 [见式（5-4）] 在更高温度下在空气中煅烧，可生成 $LiNi_{1/3}Co_{1/3}Mn_{1/3}O_2$ 三元材料，该煅烧过程涉及化学反应见式（5-5）。三元电极材料的再合成过程在工艺上分为水热和煅烧过程，水热过程主要是金属离子和有机物在自聚集作用下在溶液中螯合，形成具有一定稳定性的不规则层片；随着水热时间的延长，这些层片状物质在加热作用下不断进行饱和-溶解平衡，致使结构不断趋于稳定，形成凝胶。

$$LiC_6H_{11}O_7 + (Ni_{1/3}Co_{1/3}Mn_{1/3})(C_6H_{11}O_7)_2 + O_2 \longrightarrow$$
$$2(Ni_{1/3}Co_{1/3}Mn_{1/3})_3O_4 + Li_2O + CO_2 \tag{5-3}$$
$$Li_2O + CO_2 \longrightarrow Li_2CO_3 \tag{5-4}$$
$$(Ni_{1/3}Co_{1/3}Mn_{1/3})_3O_4 + Li_2CO_3 \longrightarrow LiNi_{1/3}Co_{1/3}Mn_{1/3}O_2 \tag{5-5}$$

5.3 再生材料物相性质表征

5.3.1 再制备中间体及 $LiNi_{1/3}Co_{1/3}Mn_{1/3}O_2$ 合成材料的表面形貌

图 5-5（a）为 450℃预烧结后正极材料中间体的 SEM 图像，从图中可以看出，物料呈现蓬松多孔的气凝胶形貌，物料中存在大量的团聚颗粒，粒度范围 $5\sim20\mu m$，这是由于在预烧结过程中凝胶中有机质从物料中脱除，CO_2 和水以气体从固体物料中脱除，使该凝胶形成疏松多孔的气凝胶。此外，从图 5-5 中可以看出，低温焙烧条件下再制备电极材料中的颗粒团聚行为较为明显，颗粒的轮廓不清晰。经高温处理后由于颗粒内部存在较大压力，晶体缺陷可以被修复，从图 5-5（d）和（e）750℃煅烧产物可看出，煅烧产物已不再是由大颗粒的团聚物形成的，物料的平均粒度降低，分散成小颗粒，并且在局部形成了一定聚合颗粒；此外，750℃煅烧产物的颗粒团聚行为减弱，颗粒分离程度提高，说明中间体材料中有机质得以进一步脱除，并有三元材料 $LiNi_{1/3}Co_{1/3}Mn_{1/3}O_2$ 不断生成；同时，

从电极材料制备的角度，生成的这些小颗粒可以提高材料整体和电解液的接触，进而提高锂离子的整体利用率。当煅烧温度升高至850℃时，分散的小颗粒出现了再聚合现象，可以明显看到再制备材料中出现部分形貌呈现球状颗粒，且颗粒粒度相比低温预烧结更均匀，粒度范围约为 2~10μm。通过 200nm 尺度高分辨模式下观察再生材料，由图5-5（c）可见，再生材料的球状颗粒仍由小颗粒聚合而成，这部分颗粒的粒度范围为 10~20nm。

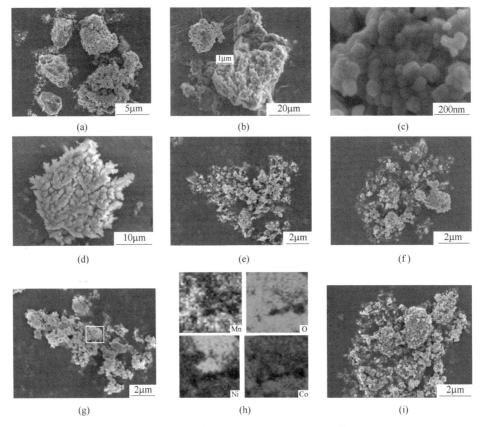

图 5-5   再制备电极材料的 SEM-EDS 图像

（a）（b）450℃预烧结产物；（c）（f）（g）（i）850℃焙烧产物；

（d）（e）750℃焙烧产物；（h）850℃产物能谱图

5.3.2   再合成电极材料的物相结构分析

将不同温度下焙烧所得到的再生三元材料进行 XRD 分析（见图5-6），并根据图谱数据计算各样品的晶格参数，结果见表5-2。由图5-6可知，450℃煅烧条件下所得的预烧结产物的 XRD 图谱峰位与 MnCo$_2$O$_4$（PDF：84-0482）匹配度较高，由文献可知，（Ni$_{1/3}$Co$_{1/3}$Mn$_{1/3}$）$_3$O$_4$ 中间体具有类似 Co$_3$O$_4$ 及 MnCo$_2$O$_4$ 二元金属氧化物尖晶石的结构[174]。随着焙烧温度的升高，中间体物相的主峰强度不断增大，结晶度显著提高。当煅烧温度升高至750℃时，图谱中出现$LiNi_{1/3}Co_{1/3}Mn_{1/3}O_2$的衍射峰，且$MnCo_2O_4$的衍射峰已消失，样品属于层状α-$NaFeO_2$型结构，空间群为$R\bar{3}m$。此外，在再生电极材料的 XRD 图谱中，特征衍射峰（006）/（102）和（110）/（108）的劈裂程度不断提高，说明材料具有良好的层状结构。由表 5-2 晶格参数 a 和 c 的数值可以看出，各材料的 c/a 比值均大于1.2，说明再生材料阳离子混排现象较弱。另一方面，参数 c/a 值越大，表示材料的层状特征更明显。由表 5-2 可知，随温度升高，晶格参数 a 值减小，c 值增大，表明层内原子之间的相互作用力增大，c 值增大导致层间相互作用降低，层状属性更加明显。

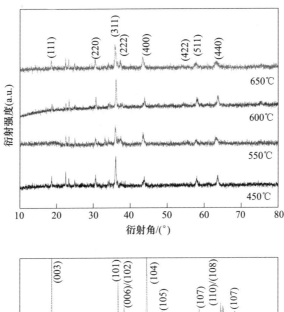

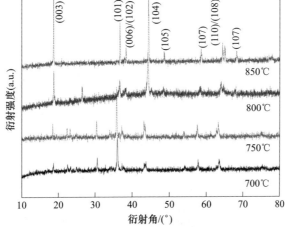

图 5-6　不同烧结温度下再生电极材料的 XRD 图谱

表 5-2　再生电极材料的晶格参数

样品的烧结温度/℃	a/nm	c/nm	c/a	I_{003}/I_{004}
750	0.2874	1.4142	4.921	1.172
800	0.2757	1.4185	5.145	1.235
850	0.2702	1.4210	5.259	1.337

5.3.3　再生电极材料的内部晶体结构

　　为了进一步考察再生电极材料内部晶体结构，对样品进行了 HRTEM 分析，图 5-7 为 850℃再生材料和 450℃预烧结下样品的 HRTEM 图像。由图 5-7（a）和（d）850℃煅烧下再生材料的 TEM 图像可见，$LiNi_{1/3}Co_{1/3}Mn_{1/3}O_2$ 合成材料为层片状六方晶体，在电极材料表面存在类似包覆层的纳米薄膜，据文献记载，这是三元电极材料在合成过程中表面残锂造成的。图 5-7（b）和（e）可以看到450℃预烧结的样品中晶格发展不完整，且晶格之间也不能连成整体，这是由于在低温烧结下反应不彻底，材料晶型发展不完整，晶体的结晶程度不高，材料中尺寸较小的晶体较多。同时在此煅烧温度下，合成材料表面存在较多层状结构发

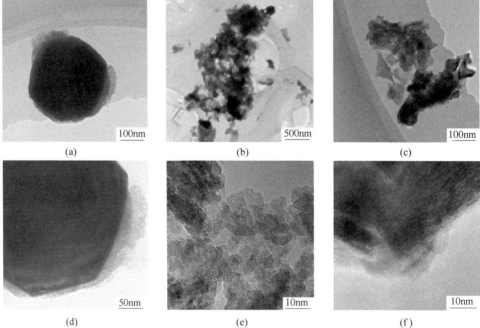

(a)　　　　　　　　　　(b)　　　　　　　　　　(c)

(d)　　　　　　　　　　(e)　　　　　　　　　　(f)

图 5-7　再生电极材料的 TEM 和 HRTEM 图像

（a）（c）（d）850℃再生材料的 TEM 图像；（b）（e）450℃产物 TEM 和 HRTEM 图像；

（f）850℃再生材料 HRTEM 图像

展不完全的区域，这是由于煅烧温度过低，造成锂离子在晶层间的分布不均匀，造成材料表面局部的贫锂，从而影响了层状结构。而图 5-7（f）850℃温度烧结材料的晶格条纹明显比 450℃烧结更为清晰，且晶体边缘位置存在较为完整的晶格条纹，电极材料颗粒的内部晶格条纹十分清晰，且从表面一直延伸到材料内部，说明随着温度升高材料的结晶度在逐渐变好。

5.3.4 再生材料的粒度分布和热重分析

采用激光粒度仪对 450℃预烧结中间体材料和 850℃合成材料的粒度分布进行分析，粒级粒度-产率结果如图 5-8 所示。由图 5-8（a）850℃合成材料的粒度

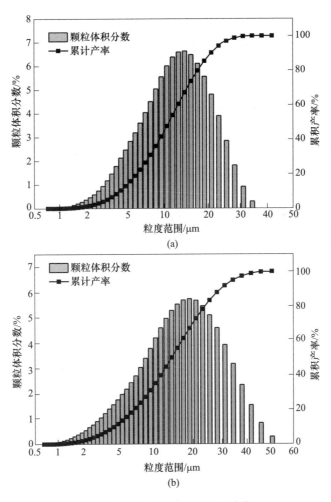

图 5-8 再生三元材料的粒度分布

（a）850℃烧结产物；（b）450℃预烧结产物

分布结果显示，LiNi$_{1/3}$Co$_{1/3}$Mn$_{1/3}$O$_2$ 合成材料的粒度范围为 0.8~32μm，且材料 $d(0.10)=4.236$μm，$d(0.50)=10.893$μm，$d(0.97)=25.533$μm，材料在−15μm 粒级部分约占 75%，且分布较为均匀，而+20μm 粒级部分仅占不足 10%，材料 −25μm 粒级产率为 96.76%。而图 5-8（b）450℃ 预烧结材料的粒度分布结果可以得出，材料 $d(0.10)=4.346$μm，$d(0.50)=14.082$μm，$d(0.97)=37.334$μm，材料在 −15μm 粒级部分约占 55%，材料 −46μm 粒级产率为 99.71%，(Ni$_{1/3}$Co$_{1/3}$Mn$_{1/3}$)$_3$O$_4$ 中间体的粒度范围为 0.8~50μm。相比之下预烧结物料的 +20μm 粒级部分约占 28%，通过激光粒度分析的结果与 5.3.1 节 SEM 形貌分析结果一致，且通过对比可知，850℃ 下煅烧所得的三元电极材料有着更小的平均粒径和更窄的粒度分布。

为了研究再生三元电极材料 LiNi$_{1/3}$Co$_{1/3}$Mn$_{1/3}$O$_2$ 的热失重行为，判定合成材料的化学组分和热失重行为，将 850℃ 下再生的三元电极材料进行了热重分析，结果如图 5-9 所示。由图 5-9 可知，升温过程中，再生正极材料在整个升温过程中的失重率仅为 2.16%，且这个阶段的主要失重行为发生在 600℃ 以上。根据图 5-9 各物料的 DTG 热重曲线，在 650~850℃ 区间电极材料出现一个失重峰，由第 3 章的热力学分析已知，当温度达到 800℃ 时，正极材料会在无氧条件下发生分解反应造成质量损失，理论上 LiNi$_{0.5}$Co$_{0.2}$Mn$_{0.3}$O$_2$ 分解成不同的金属氧化物。而当温度达到 850~1000℃，再生电极材料的失重现象更加明显，这是由于其进一步分解，Li 元素从电极材料的晶体结构中脱除。通过以上分析可知，再生 LiNi$_{0.5}$Co$_{0.2}$Mn$_{0.3}$O$_2$ 三元材料的热失重行为与商品化电极材料类似，失重峰对应的温度范围较为接近。

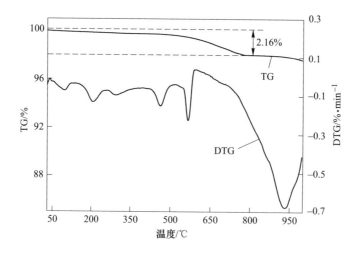

图 5-9　再生三元材料的热重曲线

5.3.5 再生电极材料的表面金属元素价态分析

为了表征再生材料表面元素及化学态，对其进行 XPS 分析，各金属元素的价态及峰位分析如图 5-10 所示。再生材料 XPS 宽扫图谱如图 5-11 所示，正极材料表面的主要元素为 O、Ni、Mn、Co 和 Li，其中 O 元素含量占 57.37%，Ni、Co、Mn 元素的含量比约为 1:1:1，证明合成电极材料为 $LiNi_{1/3}Co_{1/3}Mn_{1/3}O_2$。样品中少量 C 元素是再生材料中少部分 Li_2CO_3 转化不完全造成的。图 5-10（a）为再生电极材料表面 Mn 元素窄扫图谱，在 641.6eV 和 653.5eV 处的特征峰为 Mn^{4+} 的特征峰。如图 5-10（b）所示，780eV 和 795.2eV 结合能处为 Co 2p 的特征峰，通过对峰位的检索可知，Co 元素的化学价态为 +3 价。图 5-10（c）为 Ni 元素的 XPS 窄扫图谱，其中 854.6eV 处为 Ni $2p_{3/2}$，而 872.2eV 为 Ni $2p_{1/2}$ 的特征峰，Ni 元素的价态为 +2 价，图 5-10（d）峰位 56.1eV 处为 Li 1s 的 XPS 窄扫图

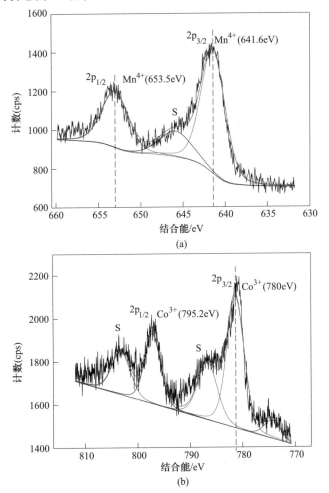

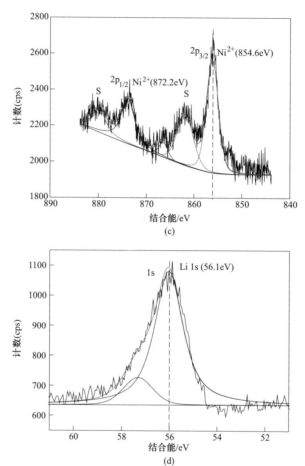

图 5-10 再生正极材料表面元素的 XPS 窄扫图谱

（a）Mn 2p；（b）Co 2p；（c）Ni 2p；（d）Li 1s

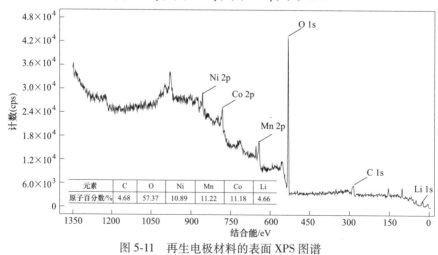

元素	C	O	Ni	Mn	Co	Li
原子百分数/%	4.68	57.37	10.89	11.22	11.18	4.66

图 5-11 再生电极材料的表面 XPS 图谱

谱。由再生正极材料表面各金属元素的化学态可以看出，过渡金属元素 Ni、Co、Mn 的价态分别为+2 价、+3 价和+4 价，这与商品化三元 $LiNi_xCo_yMn_{1-x-y}O_2$ 材料是一致的。

5.4 再生电极材料的电化学性能表征

本节首先介绍了电极材料的不同倍率下的循环性能，图 5-12 为 2.8~4.3V 电压区间，退役正极材料和再生材料分别在 0.2C 和 1C 下的循环性能和库仑效率曲

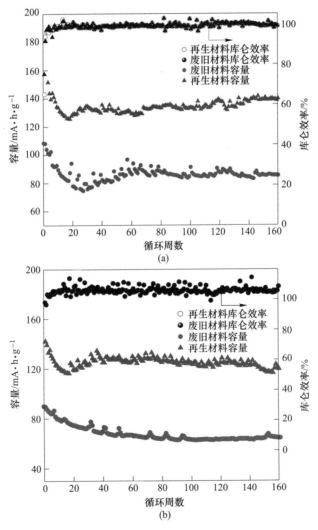

图 5-12　几种电极材料在 0.2C 和 1C 倍率下的循环性能和库仑效率
（a）0.2C；（b）1C

线。由图 5-12（a）可知，退役正极材料的首周放电容量为 112.9mA·h/g，库仑效率为 41.4%，而经 160 周循环后，其放电容量保持在 81.1mA·h/g，保持率为 71.8%；可见材料在前 20 周容量衰减是极为显著的，衰减率达到近 30%，这是由于退役电极材料已经多次循环后性能大幅衰减。相比之下，再生材料表现出了较好的循环稳定性，其首周放电容量为 157.5mA·h/g，经 160 周循环后可逆容量仍保持为 137.2mA·h/g，保持率高达 87.1%。当倍率升高至 1C 下循环时，退役电极材料经 60 周循环后容量保持率为 70.7%；而再生材料首周放电容量为 141.6mA·h/g，库仑效率为 72.3%，经过 160 周的循环后，容量保持率仍达到 87%；由以上分析可以看出，退役正极材料的循环性能已衰减，容量保持率较低，相比之下，再生三元材料表现出较佳的可逆放电容量和循环稳定性，其电化学性能相比退役材料有显著优势。

退役电极材料和再生材料的阶梯倍率性能，如图 5-13 所示，分别将电极材料在不同倍率下放电循环 10 周，最后再升高回 0.2C 再循环 10 周，保持各充电电流为 0.2C。由图 5-13 可知，由于极化现象两个材料的放电容量均随着放电电流的增大而减小。而再生材料的容量明显高于退役电极材料，在 1C 和 2C 下，再生电极材料的平均放电容量分别为 85mA·h/g 和 62mA·h/g，说明再生材料在经历了大倍率循环后结构仍保持完整。相比之下，退役电极材料在高倍率下的放电容量明显低于再生电极材料，且在 0.2C 下循环时容量仅剩余 76mA·h/g，相比首周放电容量有较为明显地下降。由此可见，再生材料倍率性能较退役电极材料具有显著的优势，这是由于再生材料层状结构良好，锂离子易于在晶体层间嵌布和脱嵌，进而材料的倍率性能得以提高。由图 5-13 退役电极材料的阶梯倍率性能同样可以看出，随着电流密度的增大，退役材料的放电容量与再生材料的差距逐渐增大，极化现象较为严重。

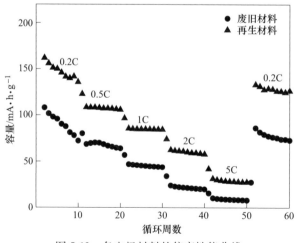

图 5-13　各电极材料的倍率性能曲线

对不同循环周数下，退役电极材料和再生材料的首次充放电行为进行测试，0.2C 电流下循环时，二者的充放电曲线如图 5-14 所示。退役材料和再生材料的首周放电平台电压大约为 3.7V，这对应于 $Ni^{2+/4+}$ 的氧化还原反应。从充放电曲线可以看出，随着循环的进行，退役正极材料的放电电压平台不断降低，充电电压平台不断上升，同时放电容量不断下降；而再生三元正极材料的充放电平台变化相对很小，平台电压依旧保持在 3.7V 左右。由以上分析可知，退役电极材料的

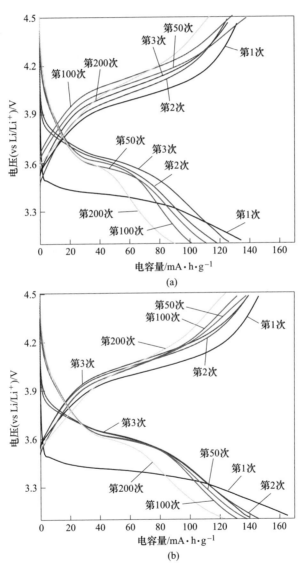

图 5-14 电极材料在 0.2C 时不同周数的充放电曲线

(a) 退役电极材料；(b) 再生材料

样品在循环中容量不断衰减，相比之下，再生电极材料样品呈现出较好的循环稳定性。将本章合成的电极材料与商品化锂离子电池进行对比，见表5-3，再生电极材料电化学性能达到产品指标，具有工业推广前景。

表5-3　商品化锂离子电池电化学性能数据[17]

电极材料	$LiCoO_2$	NCM	$LiNiO_2$	再生材料
可逆容量/mA·h·g^{-1}	150	160	140	157.5
平台电压/V	3.7	3.8~4.1	3.8	3.7

参 考 文 献

［1］ MEINSHAUSEN M，MEINSHAUSEN N，HARE W，et al. Greenhouse-gas emission targets for limiting global warming to 2C ［J］. Nature，2009，458（7242）：1158-1162.

［2］ 吴锋. 绿色二次电池：新体系与研究方法 ［M］. 北京：科学出版社，2009.

［3］ 国家能源局. 能源发展战略行动计划（2014—2020年）［EB/OL］.（2014-12-03）. http：// www. nea. gov. cn/2014-12/03/c_133830458. htm.

［4］ HIBBERT D. Introduction to Electrochemistry ［M］. London：Palgrave Macmillan，1993.

［5］ FU Y，HE Y，QU L，et al. Enhancement in leaching process of lithium and cobalt from spent lithium-ion batteries using benzenesulfonic acid system ［J］. Waste Management，2019，88：191-199.

［6］ 前瞻产业研究院. 2019—2024年中国锂离子电池行业市场需求与投资规划分析报告 ［EB/ OL］.（2019-03-13）. https：//bg. qianzhan. com/report/detail/5e37c5f1f5364e85. html.

［7］ 锂电行业研究（上）［EB/OL］.（2019-04-08）. http：//www. sohu. com/a/227588542_466879.

［8］ 工业和信息化部. 新能源汽车产业发展规划（2021—2035年）［EB/OL］.（2020-11-02）. https：// www. miit. gov. cn/xwdt/szyw/art/2020/art_4390362916324365a260ed97d7558f18. html.

［9］ 工业和信息化部运行监测协调局. 中国电子信息产业统计年鉴（软件篇）2018 ［M］. 北京：电子工业出版社，2018.

［10］ RICHA K，BABBITT C，GAUSTAD G，et al. A future perspective on lithium-ion battery waste flows from electric vehicles ［J］. Resources，Conservation and Recycling，2014，83：63-76.

［11］ ZHANG X，CAO H，XIE Y，et al. A closed-loop process for recycling $LiNi_{1/3}Co_{1/3}Mn_{1/3}O_2$ from the cathode scraps of lithium-ion batteries：Process optimization and kinetics analysis ［J］. Separation and Purification Technology，2015，150：186-195.

［12］ 国家能源局. 国务院印发节能与新能源汽车产业发展规划（2012—2020年）［EB/ OL］.（2012-07-10）. http：//www. nea. gov. cn/2012-07/10/c_131705726. htm.

［13］ 中国物资再生协会. 关于《新能源汽车动力蓄电池回收利用管理暂行办法》［J］. 中国资源综合利用，2018，36，376（3）：2-3.

［14］ 工业和信息化部. 新能源汽车动力蓄电池回收利用管理暂行办法 ［EB/OL］.（2018-01-26）. http：//www. gov. cn/xinwen/2018-02/26/content_5268875. htm.

［15］ 宋丹丹. 动力锂离子电池逆向物流的多方博弈研究 ［D］. 赣州：江西理工大学，2016.

［16］ 孙磊. 新型柔性储能器件：柔性锂离子电池 ［J］. 化学教育（中英文），2019，40（4）：16-23.

［17］ 唐仲丰. 锂离子电池高镍三元正极材料的合成，表征与改性研究 ［D］. 合肥：中国科学技术大学，2018.

［18］ TARASCON J，ARMAND M. Issues and challenges facing rechargeable lithium batteries ［J］. Nature，2001，414（6861）：359-367.

［19］ ZHANG X，LI L，FAN E，et al. Toward sustainable and systematic recycling of spent rechargeable batteries ［J］. Chemical Society Reviews，2018，47（19）：7239-7302.

［20］ 姚路. 退役锂离子电池正极材料回收再利用研究 ［D］. 新乡：河南师范大学，2016.

［21］ ARGONNE NATIONAL LABORATORY. Battery performance and cost model （BatPac） ［EB/OL］. （2014）. http：//www. epa. gov/oms/climate/documents/bat-pac-c-v2-beta. xlsx. 2011.

［22］ LI L, ZHANG X, LI M, et al. The recycling of spent lithium-ion batteries：A review of current processes and technologies ［J］. Electrochemical Energy Reviews, 2018, 1 （4）：461-482.

［23］ 王其钰, 王朔, 张杰男, 等. 锂离子电池失效分析概述 ［J］. 储能科学与技术, 2017, 6 （5）：1008-1025.

［24］ WANG H, JANG Y, HUANG B, et al. TEM study of electrochemical cycling-induced damage and disorder in $LiCoO_2$ cathodes for rechargeable lithium batteries ［J］. Journal of the Electrochemical Society, 1999, 146 （2）：473-480.

［25］ 刘彬, 王银宏, 王臣, 等. 中国钴资源产业形势与对策建议 ［J］. 资源与矿业, 2014, 16 （3）：113-119.

［26］ 周艳晶, 李颖, 柳群义, 等. 中国钴需求趋势及供应问题浅析 ［J］. 中国矿业, 2014, 23 （12）：16-19.

［27］ United State Geological Survey. Commodity statistics and information ［EB/OL］. （2013-01）. http：//minerals. usgs. gov/minerals/pubs/commodity.

［28］ WINSLOW K, LAUX S, TOWNSEND T. A review on the growing concern and potential management strategies of waste lithium-ion batteries ［J］. Journal of Environmental Management, 2018, 129：263-277.

［29］ WANG X, GAUSTAD G, BABBITT W, et al. Targeting high value metals in lithium-ion battery recycling via shredding and size-based separation ［J］. Waste Management, 2016, 51 （5）：204-213.

［30］ CHAGNES A, POSPIECH B. A brief review on hydrometallurgical technologies for recycling spent lithium-ion batteries ［J］. Journal of Chemical Technology & Biotechnology, 2013, 88 （7）：1191-1199.

［31］ LISBONA D, SNEE T. A review of hazards associated with primary lithium and lithium-ion batteries ［J］. Process Safety & Environmental Protection, 2011, 89 （6）：434-442.

［32］ ARAL H, VECCHIO-SADUS A. Toxicity of lithium to humans and the environment-a literature review ［J］. Ecotoxicology and Environmental Safety, 2008, 70 （3）：349-356.

［33］ WANG X, GAUSTAD G, BABBITT C W, et al. Economic and environmental characterization of an evolving Li-ion battery waste stream ［J］. Journal of Environmental Management, 2014, 135：126-134.

［34］ WANG X, GAUSTAD G, BABBITT C W, et al. Economies of scale for future lithium-ion battery recycling infrastructure ［J］. Resources, Conservation and Recycling, 2014, 83：53-62.

［35］ FOUAD O, FARGHALY F, BAHGAT M. A novel approach for synthesis of nanocrystalline γ-$LiAlO_2$ from spent lithium-ion batteries ［J］. Journal of Analytical and Applied Pyrolysis, 2007, 78 （1）：65-69.

［36］ CHEN S, HE T, LU Y, et al. Renovation of $LiCoO_2$ with outstanding cycling stability by thermal treatment with Li_2CO_3 from spent Li-ion batteries [J]. Journal of Energy Storage, 2016, 8: 262-273.

[37] YAO Y, ZHU M, ZHAO Z, et al. Hydrometallurgical processes for recycling spent lithium-ion batteries: A critical review [J]. ACS Sustainable Chemistry & Engineering, 2018, 6 (11): 13611-13627.

[38] 高桂兰. 有机酸还原性体系浸出回收废弃锂离子电池正极材料的研究 [D]. 上海: 上海大学, 2019.

[39] 徐筱群, 满瑞林, 张建, 等. 电解剥离-生物质酸浸回收退役锂离子电池 [J]. 中国有色金属学报, 2014 (10): 2576-2581.

[40] MISHRA D, KIM D J, RALPH D E, et al. Bioleaching of metals from spent lithium ion secondary batteries using Acidithiobacillus ferrooxidans [J]. Waste Management, 2008, 28 (2): 333-338.

[41] KIM E, KIM M, LEE J, et al. Leaching behavior of copper using electro-generated chlorine in hydrochloric acid solution [J]. Hydrometallurgy, 2010, 100 (3/4): 95-102.

[42] KIM E, KIM M, LEE J, et al. Effect of cuprous ions on Cu leaching in the recycling of waste PCBs, using electro-generated chlorine in hydrochloric acid solution [J]. Minerals Engineering, 2008, 21 (1): 121-128.

[43] GRÜTZKE M, MÖNNIGHOFF X, HORSTHEMKE F, et al. Extraction of lithium-ion battery electrolytes with liquid and supercritical carbon dioxide and additional solvents [J]. RSC Advances, 2015, 5 (54): 43209-43217.

[44] ARGENTA A, REIS C, MELLO G, et al. Supercritical CO_2 extraction of indium present in liquid crystal displays from discarded cell phones using organic acids [J]. The Journal of Supercritical Fluids, 2017, 120: 95-101.

[45] YANG F, KUBOTA F, BABA Y, et al. Selective extraction and recovery of rare earth metals from phosphor powders in waste fluorescent lamps using an ionic liquid system [J]. Journal of Hazardous Materials, 2013, 254-255 (1): 79-88.

[46] DANDAN H, KYUNG HO R. Recent applications of ionic liquids in separation technology [J]. Molecules, 2010, 15 (4): 2405-2426.

[47] ZENG X, LI J, SINGH N. Recycling of spent lithium-ion battery [J]. A Critical Review, Critical Reviews in Environmental Science and Technology, 2014, 44 (10): 1129-1165.

[48] CHEN X, CHEN Y, ZHOU T, et al. Hydrometallurgical recovery of metal values from sulfuric acid leaching liquor of spent lithium-ion batteries [J]. Waste Management, 2015, 38: 349-356.

[49] ESPINOSA D, BERNARDES A, TENÓRIO J. An overview on the current processes for the recycling of batteries [J]. Journal of Power Sources, 2004, 135 (1/2): 311-319.

[50] MELIN A, SVENSSON V. Process for the recovery of metals from the scrap from nickel-cadmium electric storage batteries [P]. US: 4401463, 1983.

[51] YANG Y, SUN W, BU Y, et al. Recovering valuable metals from spent lithium ion battery via a combination of reduction thermal treatment and facile acid leaching [J]. ACS Sustainable

Chemistry & Engineering, 2018, 6 (8): 10445-10453.

[52] FAN E, LI L, LIN J, et al. Low-Temperature molten-salt-assisted recovery of valuable metals from spent lithium-ion batteries [J]. ACS Sustainable Chemistry & Engineering, 2019, 7 (19): 16144-16150.

[53] LI J, WANG G, XU Z. Environmentally-friendly oxygen-free roasting/wet magnetic separation technology for in situ recycling cobalt, lithium carbonate and graphite from spent $LiCoO_2$/graphite lithium batteries [J]. Journal of Hazardous Materials, 2016, 302: 97-104.

[54] XIAO J, LI J, XU Z. Recycling metals from lithium ion battery by mechanical separation and vacuum metallurgy [J]. Journal of Hazardous Materials, 2017, 338: 124-131.

[55] ZHANG T, HE Y, WANG F, et al. Surface analysis of cobalt-enriched crushed products of spent lithium-ion batteries by X-ray photoelectron spectroscopy [J]. Separation & Purification Technology, 2014, 138: 21-27.

[56] DIEKMANN J, HANISCH C, FROBÖSE L, et al. Ecological recycling of lithium-ion batteries from electric vehicles with focus on mechanical processes [J]. Journal of the Electrochemical Society, 2017, 164 (1): A6184-A6191.

[57] WANG F, ZHANG T, HE Y, et al. Recovery of valuable materials from spent lithium-ion batteries by mechanical separation and thermal treatment [J]. Journal of Cleaner Production, 2018, 185: 646-652.

[58] 秦毅红, 齐申. 有机溶剂分离法处理退役锂离子电池 [J]. 有色金属 (冶炼部分), 2006 (1): 13-16.

[59] ZHANG X, XIE Y, CAO H, et al. A novel process for recycling and resynthesizing $LiNi_{1/3}Co_{1/3}Mn_{1/3}O_2$ from the cathode scraps intended for lithium-ion batteries [J]. Waste Management, 2014, 34 (9): 1715-1724.

[60] CONTESTABILE M, PANERO S, SCROSATI B. A laboratory-scale lithium-ion battery recycling process [J]. Journal of Power Sources, 2001, 92 (1/2): 65-69.

[61] SONG D, WANG X, ZHOU E, et al. Recovery and heat treatment of the $Li(Ni_{1/3}Co_{1/3}Mn_{1/3})O_2$ cathode scrap material for lithium ion battery [J]. Journal of Power Sources, 2013, 232: 348-352.

[62] CHEN L, TANG X, ZHANG Y, et al. Process for the recovery of cobalt oxalate from spent lithium-ion batteries [J]. Hydrometallurgy, 2011, 108 (1/2): 80-86.

[63] ZHANG G, YUAN X, HE Y, et al. Recent advances in pretreating technology for recycling valuable metals from spent lithium-ion batteries [J]. Journal of Hazardous Materials, 2020: 124332.

[64] 刘宇, 徐军, 王翔, 等. 废旧锂离子电池正极材料剥离工艺研究 [J]. 机电产品开发与创新, 2020 (2): 6-9.

[65] PENG C, HAMUYUNI J, WILSON B, et al. Selective reductive leaching of cobalt and lithium from industrially crushed waste Li-ion batteries in sulfuric acid system [J]. Waste Management, 2018, 76: 582-590.

[66] ZHANG T, HE Y, WANG F, et al. Chemical and process mineralogical characterizations of spent lithium-ion batteries: An approach by multi-analytical techniques [J]. Waste

Management, 2014, 34 (6): 1051-1058.

[67] PAULINO J F, BUSNARDO N G, AFONSO J C. Recovery of valuable elements from spent Li-batteries [J]. Journal of Hazardous Materials, 2008, 150 (3): 843-849.

[68] 王洪彩. 含钴退役锂离子电池回收技术及中试工艺研究 [D]. 哈尔滨: 哈尔滨工业大学, 2013.

[69] 张治安, 卢海, 等. 苯甲醚及其溴取代物用作锂离子电池防过充添加剂的研究 [J]. 化学学报, 2013 (5): 118-122.

[70] 张涛. 废弃锂离子电池破碎及富钴产物浮选的基础研究 [D]. 徐州: 中国矿业大学, 2015.

[71] FAN E, LI L, ZHANG X, et al. Selective recovery of Li and Fe from spent lithium-ion batteries by an environmentally friendly mechanochemical approach [J]. ACS Sustainable Chemistry & Engineering, 2018, 6 (8): 11029-11035.

[72] 王泽峰. 废锂离子电池中钴的回收技术研究 [D]. 北京: 清华大学, 2008.

[73] LI L, ZHAI L, ZHANG X, et al. Recovery of valuable metals from spent lithium-ion batteries by ultrasonic-assisted leaching process [J]. Journal of Power Sources, 2014, 262: 380-385.

[74] 李飞. 废锂离子电池资源化技术及污染控制研究 [D]. 成都: 西南交通大学, 2017.

[75] HE L, SUN S, SONG X, et al. Recovery of cathode materials and Al from spent lithium-ion batteries by ultrasonic cleaning [J]. Waste Management, 2015, 46: 523-528.

[76] XU Y, SONG D, LI L, et al. A simple solvent method for the recovery of Li_xCoO_2 and its applications in alkaline rechargeable batteries [J]. Journal of Power Sources, 2014, 252: 286-291.

[77] ZHENG Y, LONG H, ZHOU L, et al. Leaching procedure and kinetic studies of cobalt in cathode materials from spent lithium ion batteries using organic citric acid as leachant [J]. International Journal of Environmental Research, 2016, 10 (1): 159-168.

[78] BANKOLE O, GONG C, LEI L. Battery recycling technologies: Recycling wastelithium ion batteries with the impact on the environment in-view [J]. Environment Ecology, 2013, 4: 14-28.

[79] CONTESTABILE M, PANERO S, SCROSATI B. A laboratory-scale lithium-ion battery recycling process [J]. Journal of Power Sources, 2001, 92 (1/2): 65-69.

[80] 张光文. 基于热解的退役锂离子电池电极材料解离与浮选基础研究 [D]. 徐州: 中国矿业大学, 2019.

[81] LEE C, RHEE K. Preparation of $LiCoO_2$ from spent lithium-ion batteries [J]. Journal of Power Sources, 2002, 109 (1): 17-21.

[82] LEE C, RHEE K. Reductive leaching of cathodic active materials from lithium ion battery wastes [J]. Hydrometallurgy, 2003, 68 (1/2/3): 5-10.

[83] SUN L, QIU K. Vacuum pyrolysis and hydrometallurgical process for the recovery of valuable metals from spent lithium-ion batteries [J]. Journal of Hazardous Materials, 2011, 194: 378-384.

[84] SUN L, QIU K. Organic oxalate as leachant and precipitant for the recovery of valuable metals

from spent lithium-ion batteries [J]. Waste Management, 2012, 32 (8): 1575-1582.

[85] FERREIRA D, PRADOS L, MAJUSTE D, et al. Hydrometallurgical separation of aluminium, cobalt, copper and lithium from spent Li-ion batteries [J]. Journal of Power Sources, 2009, 187 (1): 238-246.

[86] PENG Z, HUANG J. Microwave-assisted metallurgy [J]. International Materials Reviews, 2015, 60: 1, 30-63.

[87] AL-HARAHSHEH M, KINGMAN S W. Microwave-assisted leaching-a review [J]. Hydrometallurgy, 2004, 73 (3/4): 189-203.

[88] AMANKWAH R, OFORI-SARPONG G. Microwave heating of gold ores for enhanced grindability and cyanide amenability [J]. Minerals Engineering, 2011, 24 (6): 541-544.

[89] OLUBAMBI P. Influence of microwave pretreatment on the bioleaching behaviour of low-grade complex sulphide ores [J]. Hydrometallurgy, 2009, 95 (1/2): 159-165.

[90] 易爱飞, 朱兆武, 张健, 等. 退役三元电池正极活性材料盐酸浸出液中钴锰共萃取分离镍锂 [J]. 有色设备, 2018 (4): 4-9, 25.

[91] JOULIÉ M, LAUCOURNET R, BILLY E. Hydrometallurgical process for the recovery of high value metals from spent lithium nickel cobalt aluminum oxide based lithium-ion batteries [J]. Journal of Power Sources, 2014, 247: 551-555.

[92] SILVA R, AFONSO J, MAHLER C. Acidic leaching of li-ion batteries [J]. Química Nova, 2018, 41 (5): 581-586.

[93] LI L, CHEN R, SUN F, et al. Preparation of $LiCoO_2$ films from spent lithium-ion batteries by a combined recycling process [J]. Hydrometallurgy, 2011, 108 (3/4): 220-225.

[94] 王百年, 王宇, 刘京, 等. 退役磷酸铁锂离子电池中锂元素的回收技术 [J]. 电源技术, 2019, 43 (1): 57-59, 116.

[95] JIANG F, CHEN Y, JU S, et al. Ultrasound-assisted leaching of cobalt and lithium from spent lithium-ion batteries [J]. Ultrasonics Sonochemistry, 2018, 48: 88-95.

[96] WANG F, SUN R, XU J, et al. Recovery of cobalt from spent lithium ion batteries using sulphuric acid leaching followed by solid-liquid separation and solvent extraction [J]. RSC Advances, 2016, 6 (88): 85303-85311.

[97] ZHENG R, ZHAO L, WANG W, et al. Optimized Li and Fe recovery from spent lithium-ion batteries via a solution-precipitation method [J]. Rsc Advances, 2016, 6 (49): 43613-43625.

[98] CHEN X, MA H, LUO C, et al. Recovery of valuable metals from waste cathode materials of spent lithium-ion batteries using mild phosphoric acid [J]. Journal of Hazardous Materials, 2017, 326 (15): 77-86.

[99] 屈莉莉, 何亚群, 付元鹏, 等. 用乙酸从废锂离子电池电极材料中浸出有价金属试验研究 [J]. 湿法冶金, 2019, 38 (3): 182-186.

[100] LI L, GE J, WU F, et al. Recovery of cobalt and lithium from spent lithium ion batteries using organic citric acid as leachant [J]. Journal of Hazardous Materials, 2017, 176 (1/2/3): 288-293.

[101] LI L, BIAN Y, ZHANG X, et al. Economical recycling process for spent lithium-ion batteries

and macro-and micro-scale mechanistic study [J]. Journal of Power Sources, 2018, 377: 70-79.

[102] NAYAKA G, MANJANNA J, PAI K, et al. Recovery of valuable metal ions from the spent lithium-ion battery using aqueous mixture of mild organic acids as alternative to mineral acids [J]. Hydrometallurgy, 2015, 151: 73-77.

[103] LI L, ZHANG X, CHEN R, et al. Synthesis and electrochemical performance of cathode material $Li_{1.2}Co_{0.13}Ni_{0.13}Mn_{0.54}O_2$ from spent lithium-ion batteries [J]. Journal of Power Sources, 2014, 249: 28-34.

[104] SUN C, XU L, CHEN X, et al. Sustainable recovery of valuable metals from spent lithium-ion batteries using DL-malic acid: Leaching and kinetics aspect [J]. Waste Management & Research, 2017, 36 (2): 113-120.

[105] LI L, QU W, ZHANG X, et al. Succinic acid-based leaching system: A sustainable process for recovery of valuable metals from spent Li-ion batteries [J]. Journal of Power Sources, 2015, 282: 544-551.

[106] LI L, LU J, REN Y, et al. Ascorbic-acid-assisted recovery of cobalt and lithium from spent Li-ion batteries [J]. Journal of Power Sources, 2012, 218: 21-27.

[107] LI L, DUNN J, ZHANG X, et al. Recovery of metals from spent lithium-ion batteries with organic acids as leaching reagents and environmental assessment [J]. Journal of Power Sources, 2013, 233: 180-189.

[108] 袁彦姝, 许俊杰, 郑雅欣, 等. 废旧锂离子电池正极酸浸液沉钴的实验研究 [J]. 科技创新与应用, 2018 (21): 87-88.

[109] ZENG X, LI J, SHEN B. Novel approach to recover cobalt and lithium from spent lithium-ion battery using oxalic acid [J]. Journal of Hazardous Materials, 2015, 295: 112-118.

[110] HE L, SUN S, MU Y, et al. Recovery of lithium, nickel, cobalt, and manganese from spent lithium-ion batteries using L-tartaric acid as a leachant [J]. Acs Sustainable Chemistry & Engineering, 2017, 5 (1): 714-721.

[111] NAYAKA G, PAI K, MANJANNA J, et al. Use of mild organic acid reagents to recover the Co and Li from spent Li-ion batteries [J]. Waste Management, 2016, 51: 234-238.

[112] LI L, FAN E, GUAN Y, et al. Sustainable recovery of cathode materials from spent lithium-ion batteries using lactic acid leaching system [J]. Acs Sustainable Chemistry & Engineering, 2017, 5 (6): 5224-5333.

[113] ZHANG X, XIE Y, XIAO L, et al. An overview on the processes and technologies for recycling cathodic active materials from spent lithium-ion batteries [J]. Journal of Material Cycles and Waste Management, 2013, 15 (4): 420-430.

[114] 卢东亮, 朱显峰, 蔡东方, 等. 退役锂离子电池中锰的回收利用 [J]. 电池, 2018, 48 (6): 428-432.

[115] SAEKI S, LEE J, ZHANG Q, et al. Co-grinding $LiCoO_2$ with PVC and water leaching of metal chlorides formed in ground product [J]. International Journal of Mineral Processing, 2004, 74: S373-S378.

［116］ WANG M, ZHANG C, ZHANG F. An environmental benign process for cobalt and lithium recovery from spent lithium-ion batteries by mechanochemical approach ［J］. Waste Management, 2016, 51: 239-244.

［117］ GUAN J, LI Y, GUO Y, et al. Mechanochemical process enhanced cobalt and lithium recycling from wasted lithium-ion batteries ［J］. Acs Sustainable Chemistry & Engineering, 2017, 5 (1): 1026-1032.

［118］ HU J, ZHANG J, LI H, et al. A promising approach for the recovery of high value-added metals from spent lithium-ion batteries ［J］. Journal of Power Sources, 2017, 351: 192-199.

［119］ XIAO J, LI J, XU Z. Novel approach for in-situ recovery of lithium carbonate from spent lithium ion batteries using vacuum metallurgy ［J］. Environmental Science & Technology, 2017, 51 (20): 11960-11966.

［120］ 朱坤. 退役锂离子电池中 $LiCoO_2$ 高温热解还原机理及钴的回收 ［D］. 南宁: 广西大学, 2019.

［121］ KU H, JUNG Y, JO M, et al. Recycling of spent lithium-ion battery cathode materials by ammoniacal leaching ［J］. Journal of Hazardous Materials, 2016, 313: 138-146.

［122］ 郑晓洪. 基于氨-铵盐体系选择性浸出的动力电池正极废料回收的基础研究 ［D］. 北京: 中国科学院大学, 2017.

［123］ LIU K, ZHANG F. Innovative leaching of cobalt and lithium from spent lithium-ion batteries and simultaneous dechlorination of polyvinyl chloride in subcritical water ［J］. Journal of Hazardous Materials, 2016, 316: 19-25.

［124］ BERTUOL D, MACHADO C, SILVA M, et al. Recovery of cobalt from spent lithium-ion batteries using supercritical carbon dioxide extraction ［J］. Waste Management, 2016, 51: 245-251.

［125］ LI J H, SHI P, WANG Z, et al. A combined recovery process of metals in spent lithium-ion batteries ［J］. Chemosphere, 2009, 77 (8): 1132-1136.

［126］ TAKACOVA Z, HAVLIK T, KUKURUGYA F, et al. Cobalt and lithium recovery from active mass of spent Li-ion batteries: Theoretical and experimental approach ［J］. Hydrometallurgy, 2016, 163: 9-17.

［127］ LI L, GE J, CHEN R, et al. Environmental friendly leaching reagent for cobalt and lithium recovery from spent lithium-ion batteries ［J］. Waste Management, 2010, 30 (12): 2615-2621.

［128］ ASHTARI P, POURGHAHRAMANI P. Hydrometallurgical recycling of cobalt from zinc plants residue ［J］. Journal of Material Cycles and Waste Management, 2018, 20 (1): 155-166.

［129］ LI L, GE J, WU F, et al. Recovery of cobalt and lithium from spent lithium ion batteries using organic citric acid as leachant ［J］. Journal of Hazardous Materials, 2010, 176 (1/2/3): 288-293.

［130］ NAYAKA G, PAI K, SANTHOSH G, et al. Recovery of cobalt as cobalt oxalate from spent lithium ion batteries by using glycine as leaching agent ［J］. Journal of Environmental Chemical Engineering, 2016, 4 (2): 2378-2383.

[131] GAO W F, ZHANG X, ZHENG X, et al. Lithium carbonate recovery from cathode scrap of spent lithium-ion battery: A closed-loop process [J]. Environmental Science & Technology, 2017, 51 (3): 1662-1669.

[132] YANG Y, HUANG G, XU S, et al. Thermal treatment process for the recovery of valuable metals from spent lithium-ion batteries [J]. Hydrometallurgy, 2016, 165: 390-396.

[133] GOLMOHAMMADZADEH R, RASHCHI F, VAHIDI E. Recovery of lithium and cobalt from spent lithium-ion batteries using organic acids: Process optimization and kinetic aspects [J]. Waste Management, 2017, 64: 244-254.

[134] 贺理珀, 孙淑英, 于建国. 退役锂离子电池中有价金属回收研究进展 [J]. 化工学报, 2018, 69 (1): 327-340.

[135] NAYAKA G, PAI K, SANTHOSH G, et al. Dissolution of cathode active material of spent Li-ion batteries using tartaric acid and ascorbic acid mixture to recover Co [J]. Hydrometallurgy, 2016, 161: 54-57.

[136] CHEN X, LUO C, ZHANG J, et al. Sustainable recovery of metals from spent lithium-ion batteries: A green process [J]. ACS Sustainable Chemistry & Engineering, 2015, 3 (12): 3104-3113.

[137] CHEN X, ZHOU T. Hydrometallurgical process for the recovery of metal values from spent lithium-ion batteries in citric acid media [J]. Waste Management & Research, 2014, 32 (11): 1083-1093.

[138] JOULIÉ M, BILLY E, LAUCOURNET R, et al. Current collectors as reducing agent to dissolve active materials of positive electrodes from Li-ion battery wastes [J]. Hydrometallurgy, 2017, 169: 426-432.

[139] 翟秀静, 符岩, 衣淑立. 镍红土矿的开发与研究进展 [J]. 世界有色金属, 2008 (8): 36-38.

[140] JHA M, KUMARI A, JHA A, et al. Recovery of lithium and cobalt from waste lithium ion batteries of mobile phone [J]. Waste Management, 2013, 33 (9): 1890-1897.

[141] NATARAJAN S, BORICHA A B, BAJAJ H C. Recovery of value-added products from cathode and anode material of spent lithium-ion batteries [J]. Waste Management, 2018, 77: 455-465.

[142] MESHRAM P, PANDEY B, MANKHAND T. Recovery of valuable metals from cathodic active material of spent lithium ion batteries: Leaching and kinetic aspects [J]. Waste Management, 2015, 45: 306-313.

[143] MESHRAM P, PANDEY B, MANKHAND T, et al. Comparision of different reductants in leaching of spent lithium ion batteries [J]. Jom, 2016, 68 (10): 2613-2623.

[144] HE L, SUN S, SONG X, et al. Leaching process for recovering valuable metals from the $LiNi_{1/3}Co_{1/3}Mn_{1/3}O_2$ cathode of lithium-ion batteries [J]. Waste Management, 2017, 64: 171-181.

[145] 车小奎. 红土镍矿浸镍预处理工艺及机理研究 [D]. 沈阳: 东北大学, 2014.

[146] WANG R, LIN Y, WU S. A novel recovery process of metal values from the cathode active

materials of the lithium-ion secondary batteries [J]. Hydrometallurgy, 2009, 99 (3/4): 194-201.

[147] GARCIA E, TARÔCO H, MATENCIO T, et al. Electrochemical recycling of cobalt from spent cathodes of lithium-ion batteries: Its application as supercapacitor [J]. Journal of Applied Electrochemistry, 2012, 42 (6): 361-366.

[148] FREITAS M, CELANTE V, PIETRE M. Electrochemical recovery of cobalt and copper from spent Li-ion batteries as multilayer deposits [J]. Journal of Power Sources, 2010, 195 (10): 3309-3315.

[149] BARBIERI E, LIMA E, CANTARINO S, et al. Recycling of spent ion-lithium batteries as cobalt hydroxide, and cobalt oxide films formed under a conductive glass substrate, and their electrochemical properties [J]. Journal of Power Sources, 2014, 269: 158-163.

[150] ZHANG P, YOKOYAMA T, ITABASHI O, et al. Hydrometallurgical process for recovery of metal values from spent lithium-ion secondary batteries [J]. Hydrometallurgy, 1998, 47 (2/3): 259-271.

[151] SWAIN B, JEONG J, LEE J, et al. Hydrometallurgical process for recovery of cobalt from waste cathodic active material generated during manufacturing of lithium ion batteries [J]. Journal of Power Sources, 2007, 167 (2): 536-544.

[152] MANTUANO D, DORELLA G, ELIAS R, et al. Analysis of a hydrometallurgical route to recover base metals from spent rechargeable batteries by liquid-liquid extraction with Cyanex 272 [J]. Journal of Power Sources, 2006, 159 (2): 1510-1518.

[153] LEMAIRE J, SVECOVA L, LAGALLARDE F, et al. Lithium recovery from aqueous solution by sorption/desorption [J]. Hydrometallurgy, 2014, 143: 1-11.

[154] IIZUKA A, YAMASHITA Y, NAGASAWA H, et al. Separation of lithium and cobalt from waste lithium-ion batteries via bipolar membrane electrodialysis coupled with chelation [J]. Separation and Purification Technology, 2013, 113: 33-41.

[155] 李丽, 葛静, 陈人杰, 等. 退役锂离子电池回收制备钴酸锂的研究进展 [J]. 化工进展, 2010, 29 (4): 757-761.

[156] 王光旭, 许振明, 等. 退役锂离子电池中有价金属回收工艺的研究进展 [J]. 材料导报, 2015, 29 (7): 113-123.

[157] GRATZ E, SA Q, APELIAN D, et al. A closed loop process for recycling spent lithium ion batteries [J]. J. Power Sources, 2014, 262: 255-262.

[158] SA Q, GRATZ E, HE M, et al. Synthesis of high performance $LiNi_{1/3}Mn_{1/3}Co_{1/3}O_2$ from lithium ion battery recovery stream [J]. Journal of Power Sources, 2015, 282: 140-145.

[159] YANG Y, HUANG G, XIE M, et al. Synthesis and performance of spherical $LiNi_xCo_yMn_{1-x-y}O_2$ regenerated from nickel and cobalt scraps [J]. Hydrometallurgy, 2016, 165 (Part 2): 358-369.

[160] YANG L, XI G, LOU T, et al. Preparation and magnetic performance of $Co_{0.8}Fe_{2.2}O_4$ by a sol-gel method using cathode materials of spent Li-ion batteries [J]. Ceram. Int., 2016, 42 (1, Part B): 1897-1902.

[161] YAO L, FENG Y, XI G. A new method for the synthesis of $LiNi_{1/3}Co_{1/3}Mn_{1/3}O_2$ from waste

lithium ion batteries [J]. RSC Advance, 2015, 5 (55): 44107-44114.

[162] LI L, BIAN Y, ZHANG X, et al. Process for recycling mixed-cathode materials from spent lithium-ion batteries and kinetics of leaching [J]. Waste Management, 2018, 71: 362-371.

[163] 刘桐, 焦芬, 钟雪虎, 等. 退役锂离子电池正负极材料修复再生技术 [J]. 电源技术, 2019, 43 (4): 699-701.

[164] YANG Y, XU S, HE Y. Lithium recycling and cathode material regeneration from acid leach liquor of spent lithium-ion battery via facile co-extraction and co-precipitation processes [J]. Waste Management, 2017, 64: 589-598.

[165] HE L, SUN S, YU J. Performance of $LiNi_{1/3}Co_{1/3}Mn_{1/3}O_2$ prepared from spent lithium-ion batteries by a carbonate co-precipitation method [J]. Ceram. Int., 2018, 44 (1): 351-357.

[166] 王东, 潘延林, 李国欣. 高温固相法合成锂离子电池正极材料 $LiNi_{0.8}Co_{0.2}O_2$ 研究 [J]. 复旦学报 (自然科学版), 2002, 41 (3): 286-291.

[167] 冯利君. 锂离子电池正极材料 $LiMn_2O_4$ 的高温固相合成及改性研究 [D]. 济南: 山东大学, 2013.

[168] SHI Y, CHEN G, FANG L, et al. Resolving the compositional and structural defects of degraded $LiNi_xCo_yMn_zO_2$ particles to directly regenerate high-performance lithium-ion battery cathodes [J]. ACS Energy Letters, 2018, 3 (7): 1683-1692.

[169] KIM D, SOHN J, LEE C, et al. Simultaneous separation and renovation of lithium cobalt oxide from the cathode of spent lithium ion rechargeable batteries [J]. J. Power Sources, 2004, 132 (1/2): 145-149.

[170] HE J, ZHU L, LIU C, et al. Optimization of the oil agglomeration for high-ash content coal slime based on design and analysis of response surface methodology (RSM) [J]. Fuel, 2019, 254: 115560.

[171] 彭金辉, 夏洪应. 微波冶金 [M]. 北京: 科学出版社, 2016.

[172] MOSTAFA A, EAKMAN J. Prediction of standard heats and Gibbs free energies of formation of solid inorganic salts from group contributions [J]. Industrial & Engineering Chemistry Research, 1995, 34 (12): 4577-4582.

[173] 伊赫桑, 巴伦. 纯物质热化学数据手册 [M]. 北京: 科学出版社, 2003.

[174] BILLY E, JOULIÉ M, LAUCOURNET R, et al. Dissolution mechanisms of $LiNi_{1/3}Mn_{1/3}Co_{1/3}O_2$ positive electrode material from lithium-ion batteries in acid solution [J]. ACS Applied Materials & Interfaces, 2018, 10 (19): 16424-16435.

[175] LV W, WANG Z, CAO H, et al. A critical review and analysis on the recycling of spent lithium-ion batteries [J]. ACS Sustainable Chemistry & Engineering, 2018, 6 (2): 1504-1521.

[176] 李倩. 富钴和富硒物料湿法处理工艺及理论基础研究 [D]. 长沙: 中南大学, 2013.

[177] 李金辉. 氯盐体系提取红土矿中镍钴的工艺及基础研究 [D]. 长沙: 中南大学, 2010.

[178] 胡广浩. 湿法冶金浸出过程建模与优化 [D]. 沈阳: 东北大学, 2011.

[179] 石文堂. 低品位镍红土矿硫酸浸出及浸出渣综合利用理论及工艺研究 [D]. 长沙: 中南大学, 2011.

［180］FU Y, HE Y, YANG Y, et al. Microwave reduction enhanced leaching of valuable metals from spent lithium-ion batteries ［J］. Journal of Alloys and Compounds, 2020, 832: 154920.

［181］FU Y, HE Y, LI J, et al. Improved hydrometallurgical extraction of valuable metals from spent lithium-ion batteries via a closed-loop process ［J］. Journal of Alloys and Compounds, 2020, 847: 156489.

［182］贺理珀. 退役锂离子电池有价元素再利用技术研究 ［D］. 上海: 华东理工大学, 2018.